国家林业和草原局普通高等教育"十三五"规划教材

浙江省普通高校"十三五"新形态教材

动物医院实训教程

宋厚辉　王　亨　邵春艳　主编

中国林业出版社
China Forestry Publishing House

内容简介

本书是针对高等院校动物医学专业本科生、兽医学专业研究生以及动物医院实习生编写的一部动物医院实训教程。本书详细介绍了动物医院前台、药房、诊室、化验室、影像室、治疗室、手术室、住院部和急诊室的工作内容、操作规程和注意事项等。为了便于读者理解和学习，本书图文并茂并附有视频和影像资源，是动物医学（兽医学）专业学生到动物医院参加实践训练必备的一本工具书。

图书在版编目（CIP）数据

动物医院实训教程 / 宋厚辉，王亨，邵春艳主编.
—北京：中国林业出版社，2021.12
国家林业和草原局普通高等教育"十三五"规划教材
浙江省普通高校"十三五"新形态教材
ISBN 978-7-5219-1424-5

Ⅰ.①动… Ⅱ.①宋…②王…③邵… Ⅲ.①兽医院—管理—高等学校—教材 Ⅳ.①S851.

中国版本图书馆CIP数据核字（2021）第239741号

中国林业出版社·教育分社

策划、责任编辑：高红岩　李树梅	责任校对：苏　梅
电　话：(010) 83143554	传　真：(010) 83143516

出版发行	中国林业出版社（100009　北京市西城区刘海胡同7号）
	E-mail：jiaocaipublic@163.com
	http://www.forestry.gov.cn/lycb.html
印　刷	北京中科印刷有限公司
版　次	2021年12月第1版
印　次	2021年12月第1次印刷
开　本	787mm×1092mm　1/16
印　张	12.25
字　数	260千字　**数字资源：**35千字（视频26个）
定　价	68.00元

未经许可，不得以任何方式复制或抄袭本书之部分或全部内容。

版权所有　侵权必究

《动物医院实训教程》
编写人员

主　编　宋厚辉　王　亨　邵春艳
副主编　范宏刚　刘　朗　姜　胜
编　者（按姓氏拼音排序）
　　　　　　毕崇亮（临沂大学）
　　　　　　董　婧（沈阳农业大学）
　　　　　　杜宏超（新瑞鹏宠物医疗集团有限公司）
　　　　　　范宏刚（东北农业大学）
　　　　　　韩春杨（安徽农业大学）
　　　　　　姜　胜（浙江农林大学）
　　　　　　李　静（福建农林大学）
　　　　　　李　琦（杭州三千宠物医院有限公司）
　　　　　　刘　朗（新瑞鹏宠物医疗集团有限公司）
　　　　　　卢德章（西北农林科技大学）
　　　　　　裴增杨（杭州润宠归美生物科技有限公司）
　　　　　　邵春艳（浙江农林大学）
　　　　　　师福山（浙江大学）
　　　　　　石星星（山东农业大学）
　　　　　　宋厚辉（浙江农林大学）
　　　　　　宋泉江（浙江农林大学）
　　　　　　王　亨（扬州大学）
　　　　　　王天成（沈阳农业大学）
　　　　　　张　华（北京农学院）
　　　　　　周　彬（浙江农林大学）
主　审　李建基（扬州大学）

PREFACE 前言

近年来，我国动物诊疗尤其是宠物诊疗行业发展迅速，动物医院数量不断增加，诊疗设备不断更新，而培养高质量的卓越兽医人才，是教育工作者的职责和义务。动物医学（兽医学）专业毕业生在走上工作岗位之前需要到动物医院参加至少3~6个月的实习实训。通过轮岗实训，学生对动物医院的运行管理、科室划分、病例接待和诊疗等方面都有更加深入的认识和理解，为毕业后顺利开展工作打下坚实的基础。学生在参加实训之前，已经学习了所有的理论和实验课程，这些课程虽有联系但相对独立，学生在面对真实病例时仍感觉无所适从。目前，国内还没有一本供学生参考的动物医院实训指导教材。在这种背景下，本教材主编于2017年年底提出编写意向，2018年4月在杭州召开了编委会，2019年年底完成初稿，2020年9月完成第二稿审校工作，2021年5月完成第三稿审校工作，历时四年。

本教材按照动物医院科室划分，分章节介绍了各科室的实训目的、工作内容、操作规程和注意事项等。在明确动物医学（兽医学）专业学生要更加注重动物诊疗技能学习这一前提下，本书第1~4章简要介绍了动物医院岗位分工与职责、前台和药房的工作内容。保定方法是动物诊疗的前提，在各个科室都有涉及，因此在第4章中单独介绍。第5~9章详细介绍了诊室、化验室、影像室、治疗室和手术室的诊疗操作方法和注意事项等，插入大量表格、图片和视频等资源便于读者理解和学习。鉴于动物医院住院病例病情不同、病因复杂，在第10章中大体介绍了护理分级、常见各系统外科手术和内科病的护理原则。动物医院经常会接诊一些紧急病例，急诊病例的评估与分级和心肺复苏技术非常重要，这部分内容在动物医学本科其他教材中还未涉及，因此，本教材将其作为一个章节进行介绍。

本教材是在许多兄弟院校的有关教师和动物医院医生的共同努力下协作完成的。本教材编写分工如下：绪论由宋厚辉编写；第1章由裴增杨编写；第2章由杜宏超、邵春艳编写；第3章由邵春艳、毕崇亮编写；第4章由范宏刚、师福山编写；第5章由韩春杨、董婧、裴增杨编写；第6章由师福山、姜胜、李静编写；第7章由王亨、邵春艳、裴增杨编写；第8章由王亨、周彬、宋泉江编写；第9章由石星星、张华、李琦编写；第10章由刘朗、杜宏超编写；第11章由卢德章、王天成编写。

扬州大学李建基教授主持了本教材大纲的审定工作，后期又精心审阅了全稿，对内容和文字都提出了宝贵的意见，在此深表谢意。浙江农林大学罗通旺老师、赵菁华老师、余紫薇硕士研究生和郁孝强硕士研究生参与了部分图片和视频的拍摄工作，在此一并感谢。

虽然我们参考了国内外相关书籍、文献，但由于编者水平有限，难免挂一漏万，不足之处在所难免，敬请同行和广大读者批评指正。

编　者

2021 年 10 月于浙江农林大学

CONTENTS 目录

前　言

绪　论 ··· 1

第1章　动物医院岗位概述 ·· 5
1.1　岗位分工与职责 ·· 5
1.2　职业道德规范 ··· 7
1.3　职业形象 ··· 8

第2章　前　台 ·· 9
2.1　行为礼仪 ··· 9
2.2　日常工作 ··· 11

第3章　药　房 ·· 15
3.1　药品申购 ··· 15
3.2　药品储存 ··· 16
3.3　药品发放 ··· 17
3.4　管制药品管理 ··· 18
3.5　过期药品与医疗废物管理 ··· 18

第4章　动物保定 ·· 20
4.1　动物保定分类 ··· 20
4.2　影像学检查保定 ·· 23

第5章　诊　室 ·· 25
5.1　诊室布局与准备 ·· 25
5.2　临床基本检查方法 ··· 29
5.3　生命体征测定 ··· 32

5.4 特殊检查 33

第 6 章 化验室 34

6.1 样品标签与标识 34
6.2 血液采集与检查 35
6.3 尿液采集与检查 42
6.4 粪便采集与检查 46
6.5 皮肤样品采集与检查 49
6.6 分泌物采集 52
6.7 体腔积液、关节液和脑脊液的采集 53
6.8 组织病理学检查 55
6.9 微生物学检验 57
6.10 动物剖检 64

第 7 章 影像室 68

7.1 B 超检查 68
7.2 X 线检查 77
7.3 CT 检查 95
7.4 MRI 检查 100

第 8 章 治疗室 109

8.1 常规药物配制 109
8.2 给药方式 114
8.3 治疗室其他常见处置 122

第 9 章 手术室 131

9.1 手术室设计与功能划分 131
9.2 手术器械的清洁与养护 135
9.3 手术包的准备与灭菌 136
9.4 动物术前准备 141
9.5 手术人员准备 152
9.6 手术室常用设备使用与养护 155

第 10 章 住院部 165

10.1 住院部环境与卫生 165

目 录

10.2 护理内容 …………………………………………… 166
10.3 护理分级 …………………………………………… 168
10.4 住院动物围手术期的护理 ………………………… 169
10.5 常见内科病护理 …………………………………… 172

第11章 急诊室 …………………………………………… 175
11.1 急诊病例分级与评估 ……………………………… 175
11.2 心肺复苏 …………………………………………… 179

参考文献 ………………………………………………… 181

附　录　执业兽医职业道德行为规范 ………………… 182

绪 论

动物医院是为动物（包括食品动物、农场动物、实验动物、伴侣动物、城市动物和野生动物等）提供诊疗服务的场所，是动物疫病诊断和治疗、流行病学调查和疫情预警预报不可或缺的一部分。教学动物医院一般是指依托高校建设的附属动物医院，是集人才培养、科学研究、社会服务和文化传承于一体的多功能实习实训基地。教学动物医院的任务是培养具备扎实的专业理论知识和具有较强的兽医临床实践技能的合格兽医师。

随着社会经济的发展和人们生活水平的提高，传统意义上为畜禽（食品动物）提供诊疗服务的动物医院逐渐被越来越多的宠物医院所取代。例如，宠物医疗、宠物保健、宠物美容、宠物食品、宠物用品、宠物用具等相关产品和服务已经形成了相对完整的产业链、服务链和区块链。动物医院逐步向"连锁化""规范化""国际化"方向发展；科室越来越齐全，分工越来越明确，信息化程度也越来越高。几十年前，兽医的工作条件非常简陋，几间平瓦房，墙上一张表，桌上一个箱，中间一个院，就是兽医站的全部家当。现在，动物医院的工作环境已经发生了翻天覆地的变化。目前，我国动物（宠物）医院有10 000余家，多数动物（宠物）医院为小型私立医院或诊所，设备资产达千万元以上的动物（宠物）医院约占10%。尽管如此，我国的动物医院与国外发达国家相比，无论场地面积、仪器设备、整体医疗实力还是执业兽医师数量，都存在一定的差距。但是，在"京三角""珠三角"和"长三角"等经济发达区域，动物（宠物）医院的数量和规模发展迅速，执业兽医师水平、医疗设施和社会服务能力也在不断提高，少数动物（宠物）医院除了提供诊疗服务之外，还面向社会提供第三方检测服务，无论人才培养能力、师资队伍还是医疗设备水平都逐渐走向国际化。

1. 兽医教育

自1904年我国在河北保定成立第一所现代兽医学校——北洋马医学堂以来，我国相继有约90所高等院校开设兽医（动物医学）及相关专业。当前，我国普通高等学校主要实行学历教育，注重学生基本科学素养和综合适应能力的通才培养。但是，兽医教育有着鲜明的职业特点，国外大部分实行以培养合格执业兽医师为目标的职业化教育。2013年，世界动物卫生组织（OIE）通过了兽医专业毕业生进入岗位工作所需要掌握的能力标准，即"第一天能力"（Day One Graduate Competencies），包括普通能力和专业能力在内的基础能力以及需要领会的高级能力。因此，未来国内外兽医教育的发展趋势必定朝着培养合格的执业兽医和官方兽医方向发展。执业兽医是指具有兽医相关专业大学专科以上学历的人员或者符合条件的乡村兽医，通过执业兽医资格考试的，由省、自治区、直辖市人民政府农业农村主管部门颁发执业兽医资格证书；从事动物诊疗等经营活动的，经所在地县级人民政府农业农村主管部门备案的兽医。官方兽医是指具备国务院农业农村主管部门规定的条件，由省、自治区、直辖市人民政府农业农村主管部门按照程序确认，由所在地县级以上人民政府农业农村主管部门任命的兽医。海关的官方兽医由海关总署任命。因此，兽医是高度专业化的职业，其培养主要来自开设有动物医学（兽医）相关专业的高等院校。根据2018年教育部发布的《普通高等学校本科专业类教学质量国家标准》规定，动物医学是医学的一个分支，也是我国农业科学的重要组成部分。其主要任务是在"同一世界、同一健康"的理念下，运用专业知识对食品动物、农场动物、实验动物、伴侣动物、野生动物以及外来动物等进行流行病学分析、疾病检查、诊断与治疗，对疫病进行检疫和防控，其根本任务目标是保障畜牧业可持续发展，促进动物健康和动物福利，提高动物源性食品质量，维护公共卫生和生态环境安全，保护人类健康。动物医学本科专业学制为4年或5年，授予农学学士学位。在课程体系课程设置的实践教学环节，有专业实训内容，集中进行专门化的综合性技能训练，如动物解剖学大实验、动物组织学技术及原理、动物病理剖检诊断技术、兽医外科手术大实验、兽医传染病学大实验、兽医寄生虫学大实验、兽医生物技术等。根据规定，设有动物医学（兽医）专业的院校必须拥有1所以上教学动物医院（兽医院），面积不小于1 000 m^2，至少配备10人以上的专职执业兽医师，应具备候诊、诊疗、处置、化验、检验、取药、手术等功能，诊疗设施齐全，设有动物住院部。因此，从动物医院的教学、社会服务、实习和实训内容来看，对医院的师资力量、仪器设备、场地、病例数、教学和服务环境等都提出了更高的要求。

2. 执业兽医职业道德行为规范

执业兽医与人医和律师等职业一样，按照国际惯例，都需要在入职前进行宣誓，恪守职业道德规范。早在1969年，美国兽医协会（American Veterinary Medical Association）就要求兽医进行执业宣誓。该誓词内容先后经过两次修订，目前使用的是美国兽医协会执行委员会于2010年修订的誓词，并增加了动物福利相关内容。修改后的誓词翻译如下："值此加入兽医职业之际，我庄重地宣誓：我会用我的科学知识和技术，维护动物健康，提高动物福利，预防动物疫病，减轻动物痛苦，保护动物资源，促进公共卫生，发展医疗知识，为社会作贡献。我将秉持良心和尊严执业，遵守兽医职业道德。我承诺将把不断改进专业知识和能力视为我的终身职责。"

3. 执业兽医制度

国外的执业兽医制度已有近百年的历史。以美国为例，从事临床兽医工作的人员需要

绪 论

在相关专业（如畜牧、生物、生物化学等）修完学士学位（一般为 4 年）且有 500 h 以上的兽医相关工作经验后才能考取兽医学专业，接受正式的兽医学教育（一般为 4 年）。毕业前还需要完成为期 1 年的动物医院实训或农场实习，全部成绩合格后授予临床兽医学博士学位（doctor of veterinary medicine，DVM）。兽医学院的学生毕业后必须接受国家统一考试，取得行医执照后，方能取得在本州行医的资格。在美国以外的其他国家兽医学院毕业的学生（外国学生），如需在美国取得行医执照，该学生毕业的学校必须是经过美国兽医学会认可的学校。另外，外国学生除了参加美国兽医国家考试外，还需要通过英语能力考试。美国的政府兽医和认证兽医均属于官方兽医的范围。英国实行国家兽医官制度，由英国农业部、伦敦大学皇家兽医学院、英国兽医学会分别参与动物健康和福利政策制定、兽医资格认证和注册、兽医权益维护等工作。

《中华人民共和国动物防疫法》（2021 版）规定，国家实行执业兽医资格考试制度。执业兽医资格考试办法由国务院农业农村主管部门商国务院人力资源主管部门制定。执业兽医开具兽医处方应当亲自诊断，并对诊断结论负责。国家鼓励执业兽医接受继续教育，执业兽医所在机构应当支持执业兽医参加继续教育。执业兽医、乡村兽医应当按照所在地人民政府和农业农村主管部门的要求，参加动物疫病预防、控制和动物疫情扑灭等活动。国家鼓励和支持执业兽医、乡村兽医和动物诊疗机构开展动物防疫和疫病诊疗活动；鼓励养殖企业、兽药及饲料生产企业组建动物防疫服务团队，提供防疫服务。

国家对执业兽医的诊疗活动也有明确规定，未经执业兽医备案从事经营性动物诊疗活动的，由县级以上地方人民政府农业农村主管部门责令停止动物诊疗活动，没收违法所得。大中院校相关专业学生在动物诊疗机构进行专业实习的指导教师应为执业兽医师。

4. 动物医院实训

无论在教学动物医院还是在其他动物诊疗机构、养殖场、牧场等场所进行临床技能实习和实训，都是兽医教育中非常重要的一环，对于培养健全人格，锻炼语言表达和沟通能力，形成良好职业素养，熟悉兽医法律法规，增强职业技能训练，定位职业规划，培养创新创业能力，维护人和动物健康，都是十分必要的。动物医院实训针对的对象是即将完成理论知识学习的高等农业院校或职业院校动物医学（兽医学、畜牧兽医、中兽医）专业的学生。学生的实践动手能力也是反映动物医学（兽医学）专业是否达到国际专业认证的 11 项标准之一，直接或间接反映了兽医学国际认证中涉及的组织架构、资金、临床设施和设备、临床资源、图书和信息资源、学生、招生、师资队伍、课程、研究项目和结果评价 11 项认证指标的相互支撑情况。临床实训一般按照科室轮岗制度进行，实训内容包括前台、门诊、化验室、药房、影像室、手术室、治疗室、住院部等不同工作岗位和日常事务，熟悉不同岗位的职责、操作规程、注意事项、沟通技巧、角色转换和生物安全等。

总之，动物医院实训属于专业实验实践类课程，要求学生注重学思结合、知行合一。通过动物医院实习实训，学生能进一步增强勇于探索的创新精神和善于解决问题的实践能力，以强农兴农为己任，弘扬"敬佑生命、救死扶伤、甘于奉献、大爱无疆"的医者精神，尊重生命，善于沟通，提升综合素养和人文修养，提升依法应对重大突发公共卫生事件能力，做党和人民信赖的好兽医。

第 1 章 动物医院岗位概述

1.1 岗位分工与职责

随着现代社会的发展，人与动物的关系越来越密切，动物主人对动物的健康状况和生活质量也越来越关注，动物诊疗行业得到了快速发展。目前，我国动物医院数量日益增多，规模不断扩大，动物诊疗更加专科化和精准化。所以，动物医院的管理必须规范和合理，充分调动员工的积极性和利用行业资源，以便在激烈的市场竞争中得到长期发展。因此，动物医院应明确各岗位职责，细化工作流程，加强从业人员职业培训。根据岗位职责的不同，动物医院工作岗位可进行如下设置：院长、技术院长、行政院长、前台、检验师、药房主管、动物医生和医生助理等。

1.1.1 院长

院长是动物医院的最高领导者和组织者，其综合素质、管理水平和业务能力直接决定了医院的发展和未来。一名合格的动物医院院长不仅要热爱动物、关爱生命，更应具备以下几方面的素质：强烈的责任感、专业的知识技能、强健的体魄、健康的心理素质和优秀的组织管理能力等。责任感是自觉做好事情的内在驱动力，使管理者超前识变、积极应变、主动求变。专业的知识技能，是院长做好领导工作的必要条件。院长不仅要有系统的动物医学知识，还要熟悉动物医疗、公共卫生相关的政策和法律法规等，做到"懂"专业知识、"通"管理知识、"博"相关知识。强健的体魄、健康的心理和旺盛的精力，是院长做好领导工作不可缺少的身体条件。工作顺利时，能戒骄戒躁；遇到困难时，能从容面对。作为动物医院的管理者和决策者，院长还需要具有驾驭全局的统筹能力、运筹帷幄的指挥能力和多谋善断的决策能力。

院长全面负责动物医院管理工作，包括医疗、教学、科研、人事、行政、财务和后勤等工作。院长工作职责包括：制订动物医院中长期发展规划，建立各科室管理体系，形成制度文件并实施，负责组织并检查临床教学、人才培养和业务学习；定期检查各科室规章制度、诊疗常规和操作规程的执行情况，对存在的问题积极进行整改，不断提高医疗服务水平，严防医疗事故的发生；教育员工树立以患病动物及其主人为中心的服务思想，建立具有良好的职业道德素养和专业精神的医疗队伍；根据人事管理制度，组织管理团队对动物医院工作人员进行考核、奖惩、调配和晋升等，充分调动员工的工作积极性；严格审查财务收支账目，及时处理各类问题。

1.1.2　技术院长

技术院长协助院长负责全院的医疗、护理、科研和教学等各项业务管理工作。具体工作包括：负责制定门诊部、化验室、治疗室、手术室、急诊室、住院部及药房等科室工作制度和工作流程，确保其科学性、完整性和合理性，经院长办公会讨论决定或院长批准后，负责组织实施并定期检查总结；督促和检查各岗位职员职责执行情况，深入科室了解患病动物诊断、治疗和护理情况，及时解决临床诊治工作中存在的问题，组织对疑难或危重病例的会诊和救治工作，不断提高医疗服务质量；组织医院新医疗或保健项目的开发、审核与实施；负责制订临床教学计划和人才培养计划，定期组织人员进行职业教育和技能培训，定期组织召开学术讨论会、医疗技术报告会等；负责组织医疗业务信息及病例统计工作；负责全院医疗设备、仪器的管理工作。

1.1.3　行政院长

行政院长协助院长负责全院的行政、人事、财务和后勤等工作。具体工作包括：负责制订医院中长期发展规划、年度计划，定期进行工作总结；负责制定并不断完善医院各项规章制度，贯彻并监督执行各项规章制度的执行情况；负责医院财产物资的采购和管理工作，保障临床工作各类医疗用品和服务用品供应；负责医院基建项目和维修工程管理工作；负责医院人事管理工作；负责组织对公共卫生、突发事件和医疗纠纷的处理工作；负责后勤保障服务工作。

1.1.4　前台

动物医院前台是为社会公众提供动物诊疗服务的窗口，体现医院的服务水平。良好的接待可以提高医院的工作效率，改善医患关系。动物医院前台工作人员应具有良好的职业素养，优秀的个人形象。在接待过程中，工作人员要遵循平等、热情、礼貌、友善和耐心的基本礼仪原则。除此以外，前台还应熟悉医院业务项目、科室设置工作流程等，以便为客户提供优质、高效的服务。具体工作包括：保持前台和客户接待区域的舒适整洁，接待客户和引领服务；接听来电和电话转接，做好来电咨询、安排预约、客户回访和接种疫苗与驱虫提醒；动物入院和出院手续办理，病例档案整理与管理；超市区的货物整理与商品销售；收银、开具发票和制作销售报表等工作。

1.1.5　检验师

检验师是动物临床诊疗工作中不可缺少的部分，主要负责检验动物血液、体液、分泌物和排泄物等标本，通过客观准确地化验检测，为动物医生提供诊疗依据。具体工作包括：熟悉各种检验方法，熟练使用各种仪器设备，掌握特殊检验技术操作，配制特殊检测试剂等；准确采集样本，做好样本标识、检测、检验结果核对、检验单发送或上传等；爱护仪器，定期校验，并做好仪器的清洁、保养和维修等工作；负责样本保存、特殊试剂和检验材料的领取和核销等工作。在检验过程中，要做到严格执行各项检验规章制度、操作规范、原始记录真实完整、对检测结果负责、严防各种事故的发生。

1.1.6 药房主管

药房主管应熟悉《中华人民共和国兽药典》和《中华人民共和国兽药管理条例》，认真执行各类药品管理制度和处方管理制度，了解各类药品的性能和保存要求。在调配处方时，要仔细核查处方、药品和配伍禁忌等，按照药品说明书或处方医嘱，在药品上标注用法、用量及注意事项，并做好药品不良反应监测工作；负责药品验收、出入库登记，每月盘点核查药品，并填写《药品盘库表》，检查药品有效期，按规定妥善销毁过期、失效药品，及时上报药品采购计划；负责各科室药品请领、供应和账目统计工作等。

1.1.7 动物医生

动物医生是动物生命的守护神，其职责包括动物疾病的诊断和防治。一名合格的动物医生，首先要取得执业兽医师资格证书，同时应熟练掌握动物内、外、产和急诊科的诊疗技术及操作规程，熟悉国家动物卫生法律法规及动物医院的各项规章制度，关心动物和人类的健康。具体工作包括：对患病动物进行临床检查、诊断与治疗，规范书写病历与处方；与动物主人及时沟通动物诊断结论、病情发展和治疗预后情况；认真执行各项规章制度和技术操作，监督检查患病动物医疗护理质量；定时查房，掌握住院病例病情变化，在患病动物出现病危、死亡、医疗事故或其他重要问题时，应及时处理，并向技术院长或院长汇报；对疑难复杂病例，应请求转诊或组织会诊；与值班医生做好病例交接工作，审签动物出（转）院病历等；不定期进修，认真学习国内外先进医疗技术。

1.1.8 医生助理

医生助理（简称医助）是主治医生的助理，主要辅助动物医生完成日常诊疗工作，在上岗前应取得执业助理兽医师资格证书。一名合格的医助需了解医院各个科室的工作内容和工作流程，具备在不同科室工作的综合能力。具体工作包括：协助动物医生做好患病动物的诊断和治疗工作，如动物保定、采血、样品采集、配药、注射、输液等；协助外科医生做好术前准备、术中监护、缝合伤口和术后护理等工作；负责住院部动物的护理，包括遵医嘱给药、饲喂和牵遛等工作，并做好相应记录，随时向主治医生汇报病情变化；另外，医助还应具备操作常规检查仪器（如显微镜、血球计数仪、生化分析仪、血气分析仪、X线机和B超仪等）的能力，并负责或协助做好仪器维护工作。

1.2 职业道德规范

医生的职业道德即医德，是指医务人员在医疗卫生服务活动中应具备的品德。正确认识医生的职业道德理论，把理论付诸实践，在实践中践行医生的道德规范、行为和道德准则。无论社会如何发展，社会对医生的职业道德要求仍未改变，即拥有高水平的医疗技术，同时兼具"医者父母心""以患者为中心"的高尚品德。动物医生由于职业的特殊性，更应遵守本职业的道德规范，保障动物福利，不断提高自己的医德水平。

精湛的医疗技术和高尚的医德医风是相辅相成的。只有技术而没有为患病动物服务的思想，技术将成为商品；只有医德而没有高超的医疗技术，则不能为患病动物提供优质的医疗服务，医德将成为口号。兽医是一门需要终身学习，以技术为本的职业。随着医学卫生事业的发展，兽医学的范畴不局限于对家畜疾病的预防和治疗，还涉及人畜共患疾病、公共卫生、实验动物、疾病模型、生物医药和环境保护等领域。临床兽医师在步入职场后，需要不断接受再教育，及时更新医学理念，了解先进的医疗技术，提高自身专业素质和技术水平，长期保持良好的工作状态，才能做一名优秀的职业医师，在动物诊疗的工作岗位上创造优异成绩。

为了提高执业兽医整体素质和服务质量，维护兽医行业的良好形象，中国兽医协会于2011年发布了《执业兽医职业道德行为规范》，对兽医的从业活动和职业道德行为进行了规范（附录）。

1.3 职业形象

职业形象是指从业者在职场中面向公众树立的形象，具体包括外在形象、职业道德、专业能力和知识结构四大方面。人们往往通过衣着、言谈举止来评价专业态度、技术和技能等。作为兽医行业从业人员，其接触的对象不仅是患病动物，更重要的是动物主人。在给动物进行诊疗或实施手术的过程中，动物主人可能无法直观判断你的医术或手术技能多么高超，但他们却可以根据动物医院员工的形象和医院的医疗设备等来判断一个动物医院的整体诊疗水平。执业兽医专业化要求非常高，所以每个人的职业形象对一个医院或整个行业来说都非常重要。

动物医院和人医医院类似，具有工作环境的特殊性，个人穿着应符合工作环境的要求，这不仅是展示个人形象，还兼顾患病动物与工作人员的安全。在工作期间，必须穿着工作服。在手术室时，一般穿着刷手服进行术前准备，严格按照规程穿着手术衣进行手术。而在手术室之外的其他科室，一般里面穿着刷手服，外面穿着白大褂。在一家动物医院，可能有穿着不同颜色刷手服的工作人员，这一般是为了区分工作职能。刷手服包括上衣和裤子，上衣袖子通常是手臂长度的1/3~1/2，这样既可以保护手臂，袖口又不会接触到工作场所的污物，领口大小适中、方便穿脱，裤子便于弯腰和自由活动。刷手服和白大褂要经常清洗并消毒，如被血液或污物弄脏后，要及时更换。在工作期间，留有长发的工作人员需要把头发扎起来或盘起来，指甲需要剪短，避免戴圈类耳环、手镯和戒指等首饰，以免给诊疗活动带来不必要的麻烦。在诊疗过程中，根据需要可戴上一次性口罩和检查手套，一方面保护自己的安全；另一方面也可以尽量避免患病动物之间的交叉感染。

第 2 章 前 台

前台是动物医院为公众提供动物诊疗服务的第一窗口，其工作人员的行为礼仪和接待方式体现了医院的服务水平。前台的工作内容包括环境维护、挂号及分诊、病例预约、电话回访、入（出）院手续办理、客户接待、商品销售、库存管理、收银和开具发票等。本章主要从行为礼仪和日常工作两方面介绍前台工作。

【实训目的】

（1）了解前台工作内容，注重个人行为礼仪。

（2）保持前台及候诊区环境整洁舒适。

（3）按照动物医院要求，做好来电咨询、病例预约和安排回访等工作，并做好记录。

（4）做好客户接待、挂号分诊、动物入（出）院手续办理、商品销售、收银和开具发票等工作。

（5）根据动物医院要求，做好病历资料整理与归档工作。

【实训内容】

2.1 行为礼仪

2.1.1 仪容仪表

前台工作人员每天应保持良好心情，面带笑容，和蔼可亲，易于沟通；上班期间应按医院要求着工作装，着装应大方得体、清洁整齐，鞋子保持干净、无异味、鞋面光亮清洁；头发梳理整齐，长发要扎好，不得佩戴夸张的饰品；面部保持整洁，可化淡妆，口气清新，手部干净，不留长指甲，不涂抹鲜艳指甲油；铭牌平行佩戴在左胸部，不得遮挡，保持铭牌干净，不得有任何污损等。

2.1.2 接待礼仪

前台工作人员可以利用空闲时间在自己的工作台处理日常事务，但要注意仪表仪态。工作期间不得咀嚼口香糖，吃东西或吸烟；不得攀谈私事、争论，不说粗言秽语；不得使用前台公用电话接打私人电话；走路时脚步轻快无声，不要做怪动作；在工作台处理文件时，要留意周围环境，以便及时发现和接待访客。

当有访客到来时，前台工作人员应立即起身，向来访者点头微笑，主动询问访客需求；认真倾听客户的问题，不随意打断客户讲话，并认真解答；不做挠痒、挖鼻、掏耳、剔牙等不雅动作，耐心为客户服务；用词适当，态度温和；尽量牢记客户姓氏，再见面时能称呼客户："×先生/女士，您好！"若客户较多，应及时分诊并引导客户在候诊区等候，并告知客户"您好，诊疗需要一段时间，请您稍作等候"。

走路姿势要挺拔，步态平稳，步伐均匀，手脚协调，精神饱满；靠右行走，勿走中间，与客户相遇时要稍稍停步侧身立于右侧，点头示意，主动让路，禁止与客户抢道并行，有急事要超越客户时应先口头致歉"对不起，请让一下"，然后再加紧步伐超越；在工作区域内引导客户时，应保持在客户右前方2~3步的距离，步伐与客户一致；引导客户上楼梯时，让客户走在前，下楼梯时，让客户走在后；为客人指示方向时，拇指弯曲，紧贴食指，其余四指并拢伸直，指尖朝所指方向。

2.1.3 电话礼仪

电话是一种非常便利的通信工具，多数客户会通过打电话的方式咨询病情、业务或价格、就诊或预约手术等，医院也会通过电话回访的方式了解病例的预后情况或让客户对医疗服务进行评价等，因此电话礼仪关系着医院的形象。不论是接电话还是给客户打电话，在接通时都应先自报单位，如"您好，这里是××动物医院前台，请问有什么可以帮您"；电话机前要提前准备好记事本和笔，方便记录一些重要信息；在接听电话时，要注意说话的语调和语速，不能使用任何不礼貌的语言使对方感到不受欢迎；当对方的话语较长时，要有所反应，如"好的、是的"等表示你在听；须搁置电话或转接电话时，应予以说明，让对方稍作等待；在接到客人打来的电话时，最好能在三声之内接起电话，当有未接来电时，要及时回复电话，并询问是否有要事等；在拨打回访电话时要注意拨打电话的时间，尽量避免在中午和晚上的休息时间拨打电话；拨打电话前，要确认客户的姓名和动物的信息，提前准备好询问的问题，在接通电话时可以采用以下话术："您好，这里是××动物医院前台，请问您是××（动物名字）的主人×先生/女士吗？"在确认客户信息后，应主动告知通话意图，如是了解术后恢复情况或病情发展，还是让客户给予服务评价等；要注意通话时长，时间最好控制在5 min以内；询问问题时言简意赅，如客户有其他疑问，应一并解答，同时做好记录；通话结束后应表示感谢，并应等待对方先挂断电话。

2.1.4 收费礼仪

有些动物医院将收费列为前台工作人员的工作内容之一，在收费时，前台工作人员应注意如下礼仪：收费前，应仔细核对处方及账单，避免错收费；在与动物主人沟通交费事项时，使用礼貌用语，如"×先生/女士，这是处方/账单，共计××元"，并将处方/账单双手递送给动物主人；稍等片刻，等动物主人确认无误后，再进行现金或电子收费，应提前准备足够的零钞,以备不时之需;如果遇到需要退款时,应按退费程序做好退款与相关单据的签字留档工作。

2.2 日常工作

动物医院前台工作人员日常工作繁忙,应合理安排时间,妥善处理各项事务,不断提升自身能力以胜任本职工作。表 2-1 描述了某动物医院前台日常工作流程。

表 2-1 某动物医院前台日常工作流程

时间	工作事项
营业前	①晨会 ②前台工作区域卫生清洁 ③超市区商品整理
营业中	①挂号与分诊 ②客户接待与引领 ③商品销售与收银 ④接听来电、安排预约、客户回访和驱虫疫苗提醒等 ⑤住院与出院手续办理 ⑥病例资料整理与存档
下班前	①整理各项工作表格,如《来电/回访登记表》《预约登记表》等 ②核对当天营业额,整理单据,确保物、账对应 ③环境消毒,卫生清洁

2.2.1 卫生清洁

前台区域和候诊区域的卫生通常由前台负责,工作人员应按照动物医院制定的《环境清洁与消毒制度》进行环境的清洁工作。具体要求如下:

(1)前台区域 台面物品摆放整齐;计算机主机、显示屏、键盘、鼠标、打印机、POS 机、考勤机和空调表面等每天擦拭,无尘、无污渍;文件归类摆放,有序整洁。

(2)候诊区及公共区域 每天擦拭大门表面、门把手、玻璃镜面、电视机和空调等,保证无尘、无污渍;沙发摆放整齐,表面无尘、无杂物和动物毛发;饮水机表面和出水口无尘、无污渍,集水盒干净无异味、无积水;商品架物品分类摆放整齐,表面无尘;地秤干净无尘、无污渍、无异味;空气净化器定期更换滤芯,表面无尘。

(3)地面、地秤及小动物可攀爬的物体 表面应保持清洁,当无明显污染时,可采用湿式清洁,当受到其他动物血液、体液等明显污染时,先使用吸湿材料去除可见的污染物,再进行消毒处理,所用消毒剂应符合国家相关要求,可使用喷雾消毒的方式喷洒地面或物体表面,并保持有效作用时间,擦拭过后的布巾或地巾应放在消毒剂中浸泡 30 min,再冲洗干燥后备用,布巾和地巾应该分区使用。

2.2.2 病历整理

病历是医护人员对动物疾病发生、发展、检查、诊断、治疗和转归等医疗活动过程的记录，主要包括纸质记录和电子资料。其中，电子资料主要包括化验单、B超和X线等影像学资料，应保存于医院的病案管理系统中，可随时调阅。动物医院通常建有病历档案室，保存就诊动物的病历资料，由前台工作人员负责保管。完整的病历资料包括：门诊病历、住院病历、化验报告单、手术协议书、麻醉记录表及影像资料等。病历资料的保管要做到：病历档案袋上标注病历号，按照病历号的顺序有序摆放，方便查阅；确保病历资料的完整性，按照就诊时间正确归档病历资料；调取病历档案应登记，并及时归还；当一个病例就诊结束后，应及时将所有病历资料整理归档；定期（如每周）检查病历档案，确保病历档案的完整性和有序性。

2.2.3 挂号与分诊

对于初诊病例，前台工作人员可以询问客户信息（如客户姓名、电话等）和动物的基本信息（如品种、年龄、性别、体重、是否已绝育、是否定期驱虫等），并在医院病案管理系统中进行登记，指导动物主人填写病历本；对于复诊病例，前台可根据客户信息直接从病案管理系统中搜索已有的客户及动物信息，并对体重和是否已绝育等信息及时更新。动物信息登记好后，前台工作人员即可根据动物主人描述动物的发病情况，结合动物医院的科室设置进行挂号与分诊。不同动物医院，门诊科室设置稍有不同，根据功能划分为内科、外科、皮肤科、眼科、牙科、异宠和中兽医门诊等，各科室具体职能介绍详见本书第5章。

在分诊时，应先了解动物主人的就诊意向，在动物主人无明确就诊意向时，可按以下原则进行分诊：

（1）动物常规体检（如皮肤、耳道、粪检和尿检等）及常规免疫驱虫等　根据就诊时间先后，分诊至普通门诊。

（2）动物常规手术（如绝育、去势、洗牙等）　可提前预约就诊时间和医生，一般根据预约进行相应处置。

（3）复诊病例　一般安排初次接诊医生进行看诊，如需转诊，根据实际情况进行分诊。

（4）根据动物主人描述动物的发病情况进行分诊　如动物表现发热、呕吐、拉稀、脱水和黄染等症状分诊至内科门诊；如咬伤、外伤、骨折和瘫痪等骨科及神经外科疾病分诊至外科门诊。

（5）急诊病例（如抽搐、车祸、坠楼、严重外伤和休克等）　应立即送至急诊室，如医院未设急诊室，应安排优先就诊，以保障危重动物得到及时救治。

（6）转诊　初次就诊后，若需转诊，根据初诊医生的建议进行转诊，并指导主人按流程就诊。

（7）其他 如果动物主人想请专家看诊，则需提前预约。如动物主人错过预约就诊时间，若非急诊病例，需等待预约医生处理完当下病例再就诊。

2.2.4 病例预约

预约制度可以提高动物医院的工作效率，减少就诊等待时间。目前，常用的预约方式有现场预约、电话预约和网络预约。

（1）现场预约 正常上班时间，动物主人可以前往动物医院前台现场预约。初次就诊时，所需等候的时间较长或意向就诊医生不在，且动物病情为非紧急情况时，可以现场预约；需要复诊的患病动物，在本次就诊结束后，主人可与医生直接预约复诊时间，并告知前台工作人员。

（2）电话和网络预约 为提高工作效率，满足客户需求，鼓励动物主人通过电话或网络预约。

预约要求：前台工作人员在接到动物主人预约后，应及时填写《预约登记表》或录入预约管理系统；预约需采用实名制预约，动物主人需提供动物的基本信息，包括动物品种、性别、年龄、体重和大概病情或预约项目等，并留下联系方式；对于从其他动物医院转诊至本院的转诊病例，前台工作人员在与动物主人进行预约时，应仔细询问动物发病情况，在其他医院的诊断和治疗情况等，并建议动物主人就诊时携带既往病历资料，以便医生进行诊断。

2.2.5 咨询接待

咨询接待是前台工作人员的一项重要工作，无论是接听客户来电咨询、在线咨询还是现场咨询，前台均应遵守相应的接待礼仪，熟悉医院科室设置和工作流程、业务项目和近期优惠活动方案等，以便快速准确回答客户问题。若问题超出自己的业务范围，可寻求医生或相关负责人帮助解答问题；当咨询的问题难以在电话或网络解决时，建议动物主人及时带动物到医院就诊，以免延误病情。在咨询接待结束后，及时填写《咨询记录表》，总结归纳常见的咨询问题，与医院相关科室进行对接，提高医院整体服务水平和工作效率。

2.2.6 电话回访

电话回访是动物医院了解患病动物离开医院后疾病相关情况的重要途径，同时可以了解动物主人的需求及对医院服务的满意度或建议。动物医院应根据本院实际情况制定完善的电话回访制度。电话回访的对象主要是处于各类疾病恢复期的动物，一般由患病动物的主治医师在患病动物离开医院的3天内进行首次回访，并根据动物的恢复情况，及时调整回访计划。通常情况下，前台工作人员每天应统计前一日病例就诊情况，制订回访计划并交给医生，由主治医师进行回访，回访结束后应将回访记录交还前台工作人员，以便及时更新回访计划。

2.2.7　入（出）院手续办理

患病动物入（出）院手续一般在前台办理，通常需要动物主人填写相关材料，如住院协议书、住院须知、出院小结或出院须知等，前台应配合其他科室工作人员向动物主人做好告知解释等工作，尽可能避免不必要的医疗纠纷。在患病动物出院后，及时整理其住院期间的病历资料及相关材料，收纳至病历档案中保存。

2.2.8　投诉接待

在动物主人对动物医院提供的医疗、护理服务等不满意的情况下，可能会通过现场投诉、电话或网络投诉等方式向医院反映问题。为加强医院管理，规范投诉处理程序，保障医患双方合法权益，动物医院应结合本院实际情况制定详细的《动物医院投诉管理办法》。前台工作人员在接到客户投诉后，应当予以热情接待、耐心细致地做好解释工作，稳定投诉人情绪，避免激化矛盾。对于能够现场协调处理的，应当尽量当场协调解决；对于无法当场协调处理的，应及时将投诉事件报告给相关负责人或行政院长。医院对投诉事件调查核实后，应尽快向投诉人反馈相关处理情况或处理意见，并督促医院相关部门、科室及时整改。

第 3 章 药 房

药房处于动物医院诊疗服务的末端环节，其药品种类包括各类处方和非处方兽药、疫苗、生物制品、诊断试剂、管制类药品和消耗性医疗物品等。药房工作方式直接关系到动物医院的经济效益，动物医院应制定详细的药房工作流程和管理制度。药房工作人员的岗位职责包括药品申购、验收、管理、发放、统计和过期药品处理等。

【实训目的】

（1）熟悉动物医院的《药房管理制度》，严格按照制度要求完成各项工作。
（2）熟悉药品申购和验收流程，正确储存各类药品。
（3）根据执业兽医师处方正确发放和标识药品，向动物主人解释药品使用说明，并做好药品不良反应监测工作。
（4）定期盘点药品，做好药品期效管理和过期药品处理工作。

【实训内容】

3.1 药品申购

药品申购是指在医疗经营过程中，当药品或耗材接近或低于库存限定的数量，或因诊疗需要某种新药时，须按照动物医院规定的药品采购流程申请采购相应药品，以满足临床诊疗需求。

3.1.1 药品采购申请

一般情况下，药房主管提出常规药品采购申请；主治医师提出新药采购申请。申请采购可以填写《药品采购申请表》，或在动物医院的药品管理系统中线上申请，申请表中应注明药品名称、剂型、规格、申购数量和生产厂家等信息，新药申请还应注明药品成分和主要用途等，便于审批。

3.1.2 药品申购审批

对于新药申购，可首先委托药房主管对药品进行形式审查，审查内容包括：药品包装、说明书、药品药学和临床不良反应等资料，药品生产企业许可证和营业执照，药品生产批件、批准文号和出厂检验报告书等；进口药品还应查看进口药品注册证、中文说明书、进口药品通关单和进口药品检验报告书等。以上各项资料齐全并有效的视为形式审查合格，否则可视为形式审查不合格。形式审查合格的新药，将《药品采购申请表》和审查资料交给动物医院的技术院长或院长进行审批，审批通过后可由药房主管或者药品采购员进行采购。常规药品和耗材，在保证合理库存和有效期的基础上，一般应予以批准采购。

3.1.3　药品采购与验收

药房主管或药品采购人员应建立药品供货企业的相关档案，如《药品生产许可证》或《药品经营许可证》和《营业执照》等，在首次向该企业采购药品时，应让企业提供以上证件的复印件并存档，定期审核证件有效期并及时更新。在采购活动中，应选择药品质量可靠、价格合理、服务周到的供货单位。

采购药品到货后，必须根据随货清单或发票，对药品的种类、数量、包装完整程度、批号、有效期和外观性状等进行逐一核对，整件药品须有《药品检验合格证》。验收合格的药品方可入库，对药品数量和质量有疑问的，可拒绝入库，采购员应与供货商及时联系，做相应处理。采购员要建立完整的《药品验收记录》，对药品名称、剂型、规格、批号、有效期、生产厂家、供货单位、购货数量、价格、入库日期和验收结果等进行记录并签字，保留存档。验收合格后，药房主管应及时入库药品管理系统，并将药品发票、发货单和入库单等单据转交前台工作人员或会计建账。

3.2　药品储存

为保证药品储存质量、降低药品过期损耗、避免医疗纠纷等，动物医院应根据《中华人民共和国兽药管理条例》制定本院药品储存管理制度，并督促执行。药房主管应做好药房清洁工作，定期进行清理和消毒，做好防火、防潮、防腐、防盗和防污染等工作。

药品应按储藏温度、湿度要求，分别储存于常温（0～30 ℃）、阴凉（不高于20 ℃）、冷藏（2～8 ℃）或冷冻（−30～−20 ℃）条件下，药房的相对湿度应保持在35%～75%。药房主管应根据季节和气候的变化，做好温、湿度调控工作，坚持每日观测药房温、湿度并填写《药房温、湿度记录表》，确保药品储存质量。

药品应按照品种、用途或剂型分类摆放于货架上，药品与非药品、处方药与非处方药、内用药与外用药、性质互相影响和易串味的药品应分柜摆放。药品陈列时，应按照"先进先出"的原则进行摆放，即前期采购的药品及剩余有效期较短的药品陈列在前，后期进货和剩余有效期较长的药品陈列在后，药品正面朝外，便于取用。陈列药品应避免阳光直射，需避光储存的药品不应陈列，可储存在有柜门的专柜中。特殊药品（如麻醉药品、精神药品、医疗用毒性药品和放射性药品等）应单独存放，要做到专人负责、专柜加锁、专册登记。失效或过期的药品应单独保存和处理，严禁与其他药品混杂。药房主管每月底应定期做好库存盘点工作，做到账物相符。

3.3 药品发放

药房主管应根据主治医师的处方清单及收费单进行配药，做到票、账、货相符。在药物发放前应进行"四查十对"。"四查"是指查处方、查药品、查用药合理性、查配伍禁忌。"十对"是指核对动物主人姓名、动物名字、动物年龄、药名、剂型、规格、数量、药品性状、用法用量和临床诊断进行核对。对于符合"四查十对"处方，可发放药品。对于不符合"四查十对"的处方，不得发放药品，及时与主治医师沟通后，确认无误后再行配药及发药。药品发放时，要按"先进先出""近期先出""按批号发货"的原则，避免因库存太久过期失效，造成不必要的经济损失。发放药品时，药房主管应根据药物剂型及配药量，选择大小合适的容器，并在药品外包装上粘贴药物使用标签，标签上应注明动物主人姓名、动物名字、药物名称、使用方法、使用剂量、使用次数、用药周期等相关信息，如需冷藏或避光保存时应特别注明。在填写标签时，需要将处方中的英文缩写转换为文字以便于动物主人理解。处方上常见的缩写见表3-1所列。

表3-1 处方常见英文缩写与中文含义

英文缩写	中文含义	英文缩写	中文含义
Rx	取拿	CRI	恒定速率输注
Tx	治疗	sid	每日1次
LRS	乳酸林格氏液	bid	每日2次
NS	0.9%氯化钠注射液	tid	每日3次
GS	葡萄糖注射液	qid	每日4次
g	克	qod	每隔1天
kg	千克	BW	体重
μg	微克	d	天
μL	微升	h	小时
mL	毫升	PO	口服
gtt	滴	ID	皮内给药
U	单位	IM	肌内给药
Q	每	IN	鼻内给药
OTC	非处方	IP	腹膜内给药
ac	饭前	IT	气管内给药
pc	饭后	IV	静脉给药
NPO	禁食	SQ/SC	皮下给药

引自：Paula Pattengale，《动物医院工作流程手册》，夏兆飞，译，2010。

其他科室如需领取本科室处置常备药品或耗材时，应填写《药品领用申请表》或在医院管理系统中提出申请，填写申领科室、药名、剂型、规格、数量和用途等信息，由该科室负责人签字后交给药房，药房主管凭表格发放药品。

3.4　管制药品管理

动物医院正常诊疗活动会使用到一些麻醉及精神类（主要是镇静类）药品，如舒泰、丙泊酚、速眠新、乙酰丙嗪、右美托咪定、布托啡诺、卡芬太尼、异氟烷和七氟烷等，这类药品属于管制药品，动物医院应对其采购、储存和使用过程制定严格的管理条例，并严格监督执行。

动物医院如需采购管制药品，应当经所在县级以上人民政府兽医行政管理部门批准，向定点批发企业或者定点生产企业购买。只有持有执业兽医资格证书的兽医师才能申请采购该类药品，申购单、订购单、发货清单和入库清单应长期保存。动物医院应定期对本院执业兽医师进行有关麻醉药品和精神药品使用知识的培训、考核，经考核合格的兽医师具有处方资格。

该类药品的入库与出库应建立专用账册，入库双人验收，出库双人复核，做到账物相符。药房主管应根据执业兽医师处方发放该类药品，核对无误后方可发药。管制药品应当设立专库或专柜储存，并安装监控装置，专库应当设有防盗设施并安装报警装置，专柜应当使用保险柜，实行双人双锁管理。

3.5　过期药品与医疗废物管理

3.5.1　过期药品管理

药品有效期是指该药品被批准的使用期限，表示该药品在规定的储存条件下能够保证质量的期限。过期药品是指有效期内未被使用，存在潜在质量问题的药品。动物医院在经营过程中，可能会出现因某些使用频率较低或因药品储存管理不当而造成过期或失效的药品，对此，动物医院应制定本院的《过期药品管理制度》并遵照执行。

首先，凡接近或超过有效期的药品均不得验收入库。药房主管在定期药品盘库中，如发现有过期或失效药品，应将药品单独存放，并在药品外包装上做好禁止使用的标识。在进行集中销毁前，应填写《药品销毁申报表》并附《报废药品明细表》，由主管院长签字确认后，在所在地兽医行政管理部门监督下销毁，防止不合格药品流失导致安全事故等发生。

3.5.2　医疗废物处理

医疗废物是指医疗卫生机构在医疗、预防、保健及其他相关活动中产生的具有直接或间接感染性、毒性以及其他危害性的废物。动物医院应依据我国的《医疗卫生机构医疗废物管理办法》制定本院的《医疗废物管理制度》，明确责任人，确保医疗废物的安全管理。根据我国《医疗废物分类目录》（表3-2）的规定，医疗废物分为感染性废物、病理性废物、损伤性废物、药物性废物、化学性废物五大类。根据医疗废物的类别，应将医疗废物分置于符合《医疗废物专用包装物、容器的标准和警示标识的规定》的包装物或者容器内，不能混合放置，也不得将医疗废弃物混入生活垃圾。在盛装医疗废物前，应当对医疗废物包装物或容器进行认真检查，确保无破损、渗漏和其他缺陷。医疗废物中病原体的培养基、标本和菌种、毒种保存液等高危险废物，首先在产生地点进行高压蒸汽灭菌或者化学消毒处理，然后按感染性废物收集处理。对于已放入废物包装物或容器内的感染性废物、病理性废物和损伤性废物不得取出。

盛装医疗废物的每个包装物、容器外表面应当设有明显的医疗废物警示标识，在每个包装物、容器上应当贴或系上中文标签，注明医疗废物产生单位、产生日期、类别及其他特别说明等。当盛装的医疗废物达到包装物或者容器的3/4时，应当使用有效的封口方式，使包装物或者容器的封口紧实、严密。将医疗废物交由取得县级以上人民政府环境保护行政主管部门许可的医疗废物集中处置单位处置。

表3-2 医疗废物分类目录

医疗废物类别	特 征	废物种类
感染性废物	携带病原微生物具有引发感染性疾病传播危险的医疗废物	①被病患血液、体液、排泄物污染的物品，包括棉球、棉签、引流棉条、纱布及其他各种辅料，一次性使用医疗用品和医疗器械 ②病原体的培养基、标本和菌种、毒种保存液 ③废弃的血液、血清，各种废弃的医学标本
病理性废物	诊疗过程中产生的动物组织或尸体	①手术及其他诊疗过程中产生的废弃组织或器官等 ②病理切片后废弃的动物组织、病理蜡块等
损伤性废物	能够刺伤或者割伤人或动物的废弃的医用锐器	①医用针头、缝合针 ②各类医用锐器，包括手术刀、载玻片、玻璃试管、玻璃安瓿瓶
药物性废物	过期、淘汰、变质或者被污染的废弃的药品	①废弃的一般性药品，如抗生素、非处方类药品等 ②废弃的细胞毒性药物和遗传毒性药物，包括致癌物、可疑致癌物或免疫抑制剂等 ③废弃的疫苗、血液制品等
化学性废物	具有毒性、腐蚀性、易燃、易爆性的废弃化学物品	①医学影像室、实验室废弃的化学试剂 ②废弃的过氧乙酸、戊二醛等化学消毒剂 ③废弃的汞温度计、汞血压计

第 4 章 动物保定

动物保定是指在动物诊疗（如临床检查、采样化验和治疗给药等）过程中，使用人力、器械或药物对动物实施控制的方法。动物保定应做到操作简单，效果确实，并确保人及动物的安全。保定方法多种多样，临床操作时可根据动物种属、体型大小、动物性情和不同的诊疗目的，选择合适的保定方法。犬、猫等伴侣动物对主人有较强的依恋性，有时可邀请动物主人予以协助，医护人员应操作熟练，保证诊疗工作的顺利进行。

【实训目的】

（1）掌握犬、猫常见的物理保定方法。

（2）根据动物品种、性情、病理状态和诊疗需求选择合适的保定方法。

【实训内容】

4.1 动物保定分类

根据采用保定方法的不同，动物保定主要分为物理保定和化学保定。采用徒手或保定器械对动物实施控制的方法称为物理保定，使用镇静或麻醉类的药物对动物实施控制的方法称为化学保定。

4.1.1 物理保定

4.1.1.1 犬的物理保定技术

（1）口套和扎口保定法　一般适用于嘴部较长的犬。根据动物嘴部大小选用合适的口套给犬佩戴，将保定带绕过犬耳扣牢，如图4-1（a）所示。对于长嘴犬，也可用保定绳做扎口保定。保定绳中间绕两次，打一活结圈，套在嘴后颜面部，在下颌间隙系紧，然后将保定绳两个游离端沿犬的下颌向耳后拉，在犬颈背侧枕部收紧打结，如图4-1（b）所示。这种方法保定确实，一般不易被犬抓挠松脱。另一种扎口保定的操作方法是先打开犬的口腔，将活结圈套在犬的下颌犬齿后方并勒紧，再将两游离端从下颌绕过鼻背侧，打结即可。短嘴犬不建议采用口套或扎口保定，可采用项圈保定。

（2）项圈保定法　项圈又称颈圈或伊丽莎白项圈，是一种戴在犬、猫颈部的保定装置，可以有效防止犬、猫抓挠或啃咬创口或患处，也可以防止咬伤诊疗人员，多佩戴于犬、猫

PART 4 动物保定

(a) (b)

图 4-1 犬口套和扎口保定示意

图 4-2 项圈保定示意

术后或患病期间。市售项圈一般是由软性塑料制成的，接口多为雌雄粘贴扣。佩戴前，要根据犬体型大小和颈部粗细选择型号合适的项圈，在犬安静的状态下，保定者双手持项圈两端，快速、准确地绕过犬颈部，在犬颈背侧粘好粘贴扣（图 4-2），保定者手指伸入项圈与犬颈部之间，确认项圈佩戴松紧得当，过紧可能会影响犬呼吸，过松则项圈容易掉落。对于性情暴躁或不予配合的犬只，可尝试让动物主人协助佩戴。

（3）站立保定法　可使犬各组织器官保持正常解剖位置，便于临床检查和治疗操作。大型犬宜直接站在地面上，中小型犬可置于保定台上进行保定。保定者站在犬一侧，一只胳膊从犬的颈下绕过，手置于犬的头颈部，以固定犬的头颈部，另一个胳膊环抱住犬的胸腹部，使其背侧位于腋窝下，手置于犬的胸部或握在犬的肘关节上方（图 4-3），两只胳膊向保定者方向用力，将犬靠近保定者的身体，以固定犬的躯干，为防止被犬咬伤，可先对犬做扎口保定或佩戴颈圈。

（4）侧卧保定法　犬扎口保定后，将犬侧卧于诊疗台上，犬背部贴近保定者前胸。保定者两手分别抓握在犬的双前肢腕关节、双后肢跗关节处，两手臂分别压住犬颈部和臀部（图 4-4）。此法适用于注射和较简单的治疗。

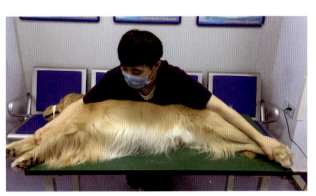

图 4-3 站立保定示意　　　　图 4-4 侧卧保定示意

4.1.1.2 猫的物理保定技术

（1）徒手保定法　多是在缺乏保定器械或猫比较温顺时采用的一种保定方法。猫在遇到威胁时可能会抓挠或咬人，所以临床检查或治疗时要固定好猫的头颈和四肢。保定者一只手抓住猫的颈背部皮肤，防止猫回头，另一只手抓住猫的四肢。此法多用于短时、快速地临床检查或皮下、肌内注射等操作（图4-5）。

（2）布卷裹和猫袋保定法

①布裹保定法：将帆布或毛毯等保定布平铺在诊疗台上，保定者将猫头朝外放在保定布近端1/4处，按压猫脊背部使之伏卧。随即提起近端保定布覆盖在猫身体上，并顺势连布带猫向外翻滚，将猫卷裹系紧。由于猫四肢被紧紧地裹住不能伸展，猫呈"圆桶"状，如图4-6（a）所示，丧失了活动能力，便可根据需要拉出头颈或后躯进行诊治。

②猫袋保定法：选用与猫体长合适的保定袋，两端开口为可以抽动的带子或魔术贴，将猫头从近端袋口装入，猫头便从远端袋口露出，此时将袋口带子抽紧或粘好粘贴扣（不影响呼吸），使头不能缩回袋内或逃出，再关闭近端袋口，四肢处设有拉链，根据诊疗需要可将四肢拉出处置，如图4-6（b）所示，此法适用于头部检查、体温测量、采血、注射及灌肠等操作。

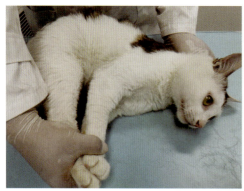 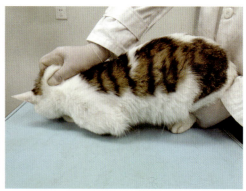

图4-5　猫徒手保定示意

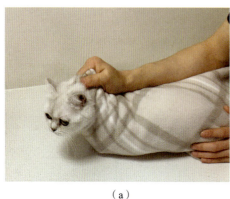 

（a）　　　　　　　　　　　　　（b）

图4-6　布卷裹和猫袋保定示意

（3）项圈保定　猫在陌生环境下常比犬更胆怯、惊慌，当有人伸手接触猫时，猫可能会发出呼呼的声音或抓咬等，给猫佩戴项圈可以有效避免猫咬人，同时可以阻止猫舔舐自身伤口等，给猫佩戴项圈的方法与犬相同（图4-7）。

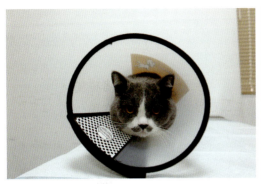

图4-7　猫项圈保定示意

（4）侧卧保定法　温顺的猫可采用同犬一样的侧卧保定法。对于挣扎的猫，保定者一只手抓住两前肢腕关节处，另一只手抓住两后肢，使其侧卧于诊疗台。两手轻轻向两侧牵拉，使猫体伸展，可有效地制动猫（图4-8）。

4.1.2　化学保定

使用镇静或麻醉类的药物对动物实施

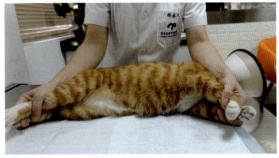

图4-8　猫侧卧保定示意

控制的方法称为化学保定。当被检查或处置的动物需要严格地制动、持续疼痛或物理保定方法难以控制动物时，可以选择化学保定。化学保定所使用药物种类、剂量和给药方式等，应考虑动物健康状况和处置时间长短等因素，由麻醉医师来决定。根据给药方式的不同，化学保定可以分为肌内注射、静脉注射和吸入麻醉等。肌内注射和静脉注射的操作方式见本书8.2给药方式，吸入麻醉的操作方式见本书9.4.2全身麻醉。

4.2　影像学检查保定

4.2.1　B超检查保定

B超检查保定方式根据动物性情、检查目的、检查部位和动物健康状况而不尽相同。性情温顺的动物采用物理保定，辅以柔和的声音和友善的安抚，通常可以让动物顺利完成B超检查，如动物攻击性较强且检查时间较长时，可对动物进行适当镇静或麻醉。为迅速获得更准确的检查结果，B超检查者通常会将患病动物置于其最习惯的检查体位，同时要兼顾动物的舒适性。在检查过程中，根据检查者的要求，可能需要调整动物体位，以获得准确的检查结果。常见的检查体位有侧卧位、仰卧位或站立位等，温顺的幼龄犬、猫甚至可以让操作者抱在怀里进行 B 超检查。

4.2.2　X 线检查保定

X 线检查的保定方式和摆位根据检查目的、检查部位、动物性情和动物体况等不尽相同。为拍摄出质量最佳的 X 线片，推荐给动物采用化学保定，如需人工协助进行物理保定时，保定人员在曝光过程中应穿着合适的铅服进行防护。根据拍摄目的，具体保定及摆位方式详见第 7 章 7.2 X 线检查。

4.2.3　CT 和 MRI 检查保定

在给动物进行计算机体层成像（computed tomography, CT）和磁共振成像（magnetic resonance imaging, MRI）检查过程中，动物需要保持固定的姿势且不能出现任何体动，所以在给动物进行该类检查时，通常需要进行全身麻醉。CT 检查时间较短，可以采取静脉注射短效全身麻醉药（如丙泊酚等），然后迅速进行扫描检查，如图 4-9（a）所示。MRI 检查时间较长，最好对动物采取长效可控的全身麻醉（如吸入麻醉），将动物放在 V 型检查床上进行仰卧或俯卧保定，如图 4-9（b）所示。

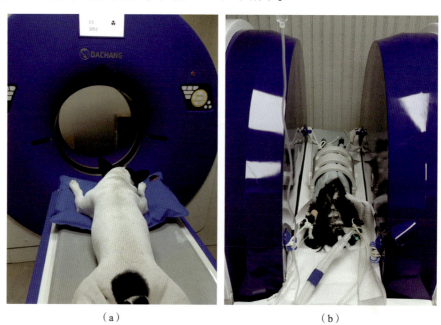

（a）　　　　　　　　　　　　　　（b）

图 4-9　CT 和 MRI 检查保定示意

第 5 章 诊 室

诊室是动物医院重要的组成部分之一,是动物医生对患病动物进行初步检查及与客户沟通的重要场所。诊室从功能上通常分为内科、外科、皮肤科、眼科、牙科、中兽医、猫专科和异宠诊室等,不同功能的诊室应配备相应的检查设备,以满足不同类型病患的需要。

【实训目的】

(1)了解诊室的分类及相应功能。
(2)正确完成诊室的清洁与消毒工作。
(3)正确准备不同诊室内所需的检验设备及医疗易耗品。
(4)协助使用诊室内的常规检查设备,如检眼镜、眼压计、听诊器和血压计等,并可正确完成设备清洁与养护工作。

【实训内容】

5.1 诊室布局与准备

通常情况下,诊室应配备计算机、诊疗台(常见T形或L形)、存储柜、洗手池、观片灯(或数字化影像观测屏)等(图5-1)。存储柜中常备用品包括剪毛剪、止血钳、医用镊子、体温计、肛表套、酒精棉、碘伏棉球、听诊器、笔灯、简单的包扎用品、检查手套、口罩等。诊室内应常备各种化验单、处方笺、包括麻醉或镇静协议在内的各种协议文书,以及必要的演示模具或标本。诊室内可安装固定式或配备移动式紫外线消毒灯。

图 5-1 诊室

诊室在接诊前应做一些必要的准备，例如，在将客户和患病动物带入诊室之前，先仔细查看动物病历档案，以确定需要使用的设备、物品和药物等，将要使用的物品放置于工作台上备用。在每次诊疗结束后清洁诊室，使用消毒剂对所有物体表面及患病动物直接或间接接触的物品进行消毒，检查各容器和抽屉以确保棉签、棉球、绷带、肛表套、胶带、常规药物、化学药品与耗材等数量充足，确保备有合适的检查手套及标本采集所需的器械。所有的非一次性检查器械（如检耳镜），必须经清洗和消毒后才能放回原位。

5.1.1 内科诊室

内科诊室是诊疗呼吸道、消化道、泌尿生殖道、神经系统、心血管、血液及内分泌系统等内科疾病的场所，有条件的动物医院可以开设肿瘤科、心脏内科、免疫和内分泌内科、神经内科等特色内科门诊。心脏内科诊疗的疾病包括各类心脏疾病，如心律失常、房室传导阻滞、心力衰竭、早搏、心律不齐、心肌病、心肌炎等。

5.1.2 外科诊室

外科诊室可分为软组织外科诊室和矫形外科诊室。软组织外科诊室主要接诊各类软组织外科类疾病，如外伤（车祸、高空坠落、咬伤、烧伤、烫伤及其他各种皮肤或软组织创伤等）、腹部（如子宫蓄脓及卵巢肿瘤等生殖系统疾病；食道、胃肠道梗阻及异物、胆囊结石、肝脏肿瘤等消化系统外科病；膀胱、肾脏、输尿管及尿道等泌尿系统外科病等）及胸腔外科疾病（如持久性右主动脉弓、胸腔食道异物、气管异物、气管塌陷或肿瘤、膈疝等）。矫形外科主要接诊患有骨折（如四肢长骨骨折、椎体骨折、骨盆及颅骨骨折等）和关节及韧带疾病等（如剥脱性软骨炎、肘关节发育障碍、髋关节发育不良、髌骨脱位、前十字韧带断裂、股骨头脱臼、荐髂关节脱位及腕关节或跗关节畸形等）。外科诊室通常紧邻手术室，在设计时应通过最短距离到达更衣室、刷手室及手术室，以方便快速消毒后开展门诊手术或急救手术。

5.1.3 皮肤科诊室

皮肤科主要接诊动物各类皮肤疾病，兼顾动物的体外驱虫、皮毛日常护理及营养等。在诊治皮肤病时，通常会在诊室直接进行皮肤样品的采集、Wood's灯检查或过敏原筛查等操作，所以诊室需常备采样器具、Wood's灯和过敏原测试板等物品，另外还应放置香波、浴液等皮毛护理产品，以便于向客户演示或讲解（图5-2）。

5.1.4 眼科诊室

眼科诊室主要接诊动物眼部疾病，包括眼部外伤（如眼球外伤性脱出）、先天性眼睑内翻或外翻、青光眼、白内障、眼内异物、第三眼睑增生、角膜溃疡及坏死、葡萄膜炎、眼部肿瘤及增生等。在使用荧光素、检眼镜和裂隙灯等设备进行眼科检查时，环境需稍暗以避免环境光源对检查造成干扰。

图 5-2　皮肤科诊室

5.1.5　牙科诊室

牙科诊室主要接诊动物各类口腔疾病，如牙结石、牙龈炎、牙周炎、龋齿、齿折、牙龈脓肿和口腔肿瘤等。在给动物治疗口腔疾病时，通常需要给动物进行全身麻醉，所以牙科诊室应配备吸入麻醉机、监护仪、牙科工作站、麻醉药、牙科耗材和急救药品等（图 5-3）。

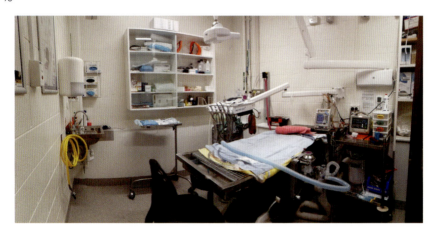

图 5-3　牙科诊室

5.1.6　中兽医诊室

中兽医学具有独特的理论体系及丰富的病证防治技术，其主要学术特点是遵循整体观念，突出辨证论治，坚持预防为主，强调治病求本，采用天然中草药组合方剂，通过针灸刺激穴位调动机体潜能来防治疾病。随着时代的发展，中兽医在小动物临床诊疗中应用越来越广泛，主要诊治动物各类痛症（如椎间盘突出、瘫痪、风湿症、退行性关节炎等）、各系统（消化系统、呼吸系统、泌尿生殖系统、神经系统和内分泌系统等）疾病。诊室需配备针灸床［图 5-4（a）］、针灸配套设备［图 5-4（b）］、毫针或电针，用于治疗肌肉萎缩、神经功能异常或损伤、关节或骨骼术后的康复治疗等。

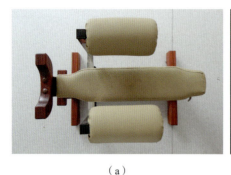 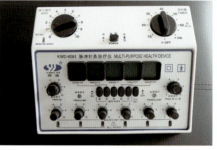

（a） （b）

图 5-4 针灸床和针灸治疗仪

5.1.7 猫诊室

近年来，猫的饲养数量急剧增加，在一些发达城市，猫的就诊比例超过 70%，猫专科医院将成为未来动物医院发展的趋势。猫生性敏感，陌生的环境、人和动物都可能会让猫变得紧张惶恐而产生应激，应激可能会引发猫多种疾病，如应激后脂肪沉积综合征、下泌尿道综合征（或自发性膀胱炎）、血糖升高及心血管反应，甚至急性死亡等。所以，动物医院应设独立的猫诊室，并在猫诊室放置一些猫喜欢的玩具、猫抓板或猫爬架等，诊室的灯光及墙面或家具的颜色一般应选择暖色调，尽量缓解猫就诊时的恐惧情绪（图 5-5）。

图 5-5 猫诊室

5.1.8 异宠诊室

异宠种类繁多，如蜥蜴、仓鼠、香猪、宠物兔、鹦鹉、毛丝鼠（龙猫）、龟和蛇等，异宠的疾病诊治也逐渐成为动物医院的职责之一。异宠诊室常见的疾病：宠物兔、豚鼠和龙猫等的胃肠道疾病，如蠕动迟缓、急性臌胀、幽门阻塞、小肠阻塞、肠胃道肿瘤、肠炎和肠内毒血症等；宠物兔、豚鼠、龙猫的咬合不正、齿列过长、上颚感染等口腔或齿科疾病；刺猬、蜜袋鼯和貂等的牙科疾病和肿瘤等。根据常见接诊动物疾病，在诊室常备一些专用诊疗设备或物品。

5.2 临床基本检查方法

在兽医临床实践中,常需要应用多种检查方法,以获得能用于疾病诊断的症状和资料,这些检查方法统称为临床检查法。其中,病史询问和物理学检查是对每一个患病动物必须应用的方法,称为临床基本检查法。临床基本检查法包括问诊、视诊、触诊、叩诊、听诊和嗅诊。

5.2.1 问诊

问诊是以询问的方式,向动物主人了解动物的发病情况和发病经过。动物医生应以和蔼的态度、通俗的语言,尽可能向动物主人全面、重点地了解动物的疾病情况,从中获取与诊断疾病有关的临床资料。问诊的内容十分广泛,通常应着重了解三方面的内容,即主诉病史、既往病史和生活史。

(1) 主诉病史　是患病动物前来就诊的原因,在每次就诊时都应询问和记录。询问内容:本次发病或受伤的时间、饮食饮水情况和排尿排便情况等;发病时的表现,例如,呕吐、呕吐物的性状(颜色、性状、气味)、呕吐频率等;目前病情的发展情况,是稍有好转、稳定还是恶化,是否就诊,做过哪些检查和治疗,用药情况,效果如何等。

(2) 既往病史　指本动物以前罹患的所有疾病,还包括疫苗接种类型和时间、驱虫情况等。曾患过何种疾病或受过何种创伤、治疗方法和疗效、是否做过手术等,是否做过影像学和实验室检查等,检查结果如何、用药史、是否有过敏史等,以前是否发生过类似的症状。

(3) 生活史　涉及患病动物的生活习惯和饲养管理情况等。是否有共同生活的其他动物,如果有,其他动物是否健康、是否也出现类似症状等;动物平时饲养在室内还是室外,是否有专人照料,平时饲喂什么食物,是否吃人类的食物;是否已绝育或去势,最近一次发情时间,是否配种、怀孕和分娩情况;有没有一些不良习惯,如翻垃圾桶、捡拾异物等情况。

5.2.2 视诊

视诊是通过肉眼观察和利用各种诊断器具对动物整体和病变部位进行观察。视诊时主要注意以下几方面内容。

(1) 体格与营养　体格大小、营养及发育状况、被毛的光润程度和腹部的对称性等。

(2) 精神、姿势、运动及行为　观察精神状态(沉郁或兴奋),静止和运动时的状态,步态的变化,行为变化等。

(3) 生理活动及代谢物的状态　观察有无喘息、咳嗽、喷嚏等,进食、咀嚼、吞咽情况,排粪、排尿的姿势及排泄物的数量、性状等。

（4）可视黏膜　观察口、鼻、眼、咽喉、生殖道及直肠等黏膜的颜色、完整性，分泌物的数量、性状及混合物等，观察毛细血管再充盈时间（CRT）。

（5）体表组织病变　观察皮肤表面有无创伤、溃疡、疱疹、肿物等病变，以及这些病变的形状、大小、颜色和有无分泌物等。

在给动物进行视诊检查时，要注意：①不能突然接近患病动物，以防惊吓到动物或被动物抓挠咬伤，如必要可请动物主人协助保定。②视诊时应光线充足，必要时可用照明器械。③视诊时应记录步态异常（如跛行、共济失调）、肌肉萎缩、体形不对称等情况，并在后续诊断时给予仔细检查。

5.2.3　触诊

触诊是利用检查者的手或借助检查器具触压动物体，根据感觉了解组织器官有无异常的一种诊断方法。在问诊和视诊的基础上，对可疑的患病部位或组织器官进行触诊，可确定病变的位置、硬度、大小、轮廓、温度、压痛及移动性和表面的状态。

5.2.3.1　触诊的方法

（1）体表触诊　用手掌、手指触摸动物体表，感知体表有无异常变化。常用于体表淋巴结、体表浅在病变、关节、肌肉、腱及浅部血管、神经、骨骼的检查。主要检查内容有感知体表温度、肿块硬度与性状和动物敏感性等。

（2）深部触诊　常用于腹腔及内脏器官的检查。根据动物体型的大小和被检脏器的不同，可采用不同的触诊手法。常用的触诊手法有按压触诊法、双手触诊法、冲击触诊法和切入触诊法等。主要检查内容有感知腹腔脏器及其内容物的性状和腹腔的状态等。触诊过程应遵循先周围后中心，先浅表后深部，先轻后重，先健区后患部的原则。

5.2.3.2　触诊变化及临床意义

对于局部组织或器官发生病理变化，临床上常用触诊的感觉变化来判定病变的性质、程度及范围。触诊常见病变的性质及临床意义有以下几方面。

（1）波动感　柔软而有弹性，指压不留痕，间歇压迫时有波动感，见于组织间有液体潴留，且组织周围弹力减退时，如血肿、脓肿及淋巴外渗等。

（2）捏粉样感　当指压时出现凹陷形成指压痕，但很快恢复原形，类似捏压生面团样的感觉，见于组织发生浆液性浸润，如水肿等。

（3）捻发音感　柔软稍有弹性及有气体向邻近组织流窜，同时可听到捻发音，见于组织间有气体积聚，如皮下气肿、恶性水肿等。

（4）坚实感　坚实致密而有弹性，像触压肝脏一样，见于组织间发生细胞浸润或结缔组织增生时，如蜂窝织炎、肿瘤、肠套叠等。

（5）硬固感　像触及骨样坚硬的物体时的感觉，如肠结石、硬粪块、异物、骨刺等。

（6）温感　触及被检动物体表温度的感觉，如局部炎症或高热时呈热感，血液循环不良或休克时呈冷感。

（7）疼痛　触及动物体表某一部位时表现敏感、躲闪、不安或抗拒等动作。

5.2.4　叩诊

叩诊是对动物体表某一部位进行叩击，根据叩击所产生音响的特性判定被检查部位及其深部器官有无异常的一种诊断方法。叩诊可用于胸腔器官、腹腔器官、关节和神经系统等部位的检查。

5.2.4.1　叩诊方法

叩诊在临床上分为直接叩诊和间接叩诊两种方法。

（1）直接叩诊　用叩诊锤或弯曲的手指，直接叩击患病部位体表的方法。常用于额窦炎、上颌窦炎、气肿部位的诊断，也可用于叩击关节或肌腱等以检查动物的反射机能。

（2）间接叩诊

①指指叩诊：通常将检查者左手食指或中指紧贴于被叩击部位，作为扳指，用右手中指垂直叩击扳指第二指骨的前端，听取所产生的叩诊音响，主要用于小动物的胸部叩诊。

②锤板叩诊：检查者左手持叩诊板紧贴于被叩击的动物体表，右手持叩诊锤垂直叩击叩诊板中部，听取所产生的叩诊音响。锤板叩诊法的叩击力量较强，主要用于大动物胸、腹部疾病的检查。

5.2.4.2　叩诊音及临床意义

（1）清音　是健康动物正常肺部的叩诊音，表示肺组织的弹性、含气量和致密度均正常。若其他部位叩诊音呈清音，提示该部位含有一定量的气体，或邻近部位存在含气腔。

（2）鼓音　声音较清音强，持续时间也较长，提示被叩诊部位含有大量气体。在动物患有胃肠臌气、局部气肿时，叩诊能听到此音。

（3）浊音　是叩击坚实或不含空气的部位时发出的小、弱而短的振动音，类似叩击肌肉发出的声音。在叩诊肺浸润或渗出性胸膜炎等病例时，可听到明显的浊音。

（4）半浊音　介于清音与浊音之间的过渡音响，表明被叩击部位的组织或器官柔软、致密、有一定的弹性并含有少量气体，如叩击肺脏边缘时发出的声音。

（5）过清音　介于清音与鼓音之间的过渡音响，表明被叩击部位的组织或器官内含有多量气体，但弹性较弱。过清音是额窦、上颌窦的正常叩诊音。

5.2.5　听诊

听诊是用耳或听诊器听取动物内部器官所产生的自然声音。听诊主要用于对心血管系统、呼吸系统和消化系统功能的检查，如心音、呼吸音、胃肠蠕动音的听诊，听诊最好在安静的环境中进行。

5.2.5.1 听诊方法

听诊分为直接听诊和间接听诊两种方法。

（1）直接听诊　检查者将耳郭直接贴附于动物体表相应部位进行听诊的方法。本方法操作简单，但听到的音响较弱，如果遇到性情暴烈的动物，检查时会有一定的危险性。除特殊情况外，一般不用此方法。

（2）间接听诊　将听诊器的集音器紧贴于动物体表，动物内部组织器官所产生的音响通过胶管传入检查者耳内，在临床上应用广泛。

5.2.5.2 听诊内容

（1）心脏听诊　听诊在心脏检查中占有重要地位，是诊断心脏疾病不可缺少的重要手段。心脏听诊内容包括心率、心律、心音、心杂音和心包摩擦音等，这些信息可作为了解心脏功能和判断血液循环状态的重要依据。

（2）肺部听诊　肺部检查中最基本、最重要的方法之一，对于肺部疾病的诊断具有重要意义。肺部听诊主要用于查明支气管、肺和胸膜的机能状态，确定呼吸音的强度、性质及病理性呼吸音。正常肺部可听到两种呼吸音，即支气管呼吸音和肺泡呼吸音。在听诊时，要注意呼吸音的响度、音调、呼吸时相的长短及呼吸音性质的变化等。临床上常见的病理性呼吸音有呼吸音增强、减弱或消失及断续性、啰音、捻发音、拍水音、胸膜摩擦音和空瓮音等。

（3）消化系统听诊　肠蠕动时，肠管内气体和液体随之流动，产生一种断断续续的咕噜音，称为肠鸣音或肠音。犬正常的肠音4~6次/min，猫为3~5次/min。肠音可在左右两侧腹壁进行听诊。病理性肠音主要有肠音增强、减弱或消失，肠音不整和金属音等。

5.2.6 嗅诊

嗅诊是根据检查者的嗅觉来判断患病动物的分泌物、排泄物、呼出气体或其他病理产物的异常气味与某种疾病之间关系的一种诊断方法。如呼出气带有特殊的腐败气味，常提示可能患有坏疽性肺炎；如呼出气体和全身有尿味，常提示可能患有尿毒症。

5.3　生命体征测定

体温、脉搏和呼吸数是评价动物生命活动的重要生理指标，动物体重反映身体的健康状况并决定用药的剂量，所以这四项指标是患病动物每次到医院就诊时必须测定并记录的。

5.3.1　体重称量

在给动物称量体重前，确保体重秤已消毒，秤台表面干净无污物。秤归零后，将动物放到秤台上，待数字显示稳定后读数，即为动物体重。如动物不愿待在秤台上，可以先称自己的体重，然后抱着动物再一起称，两者之差即为动物的体重，但这种方法不太适用于体重太轻或过重的动物。将动物体重记录在病历上，消毒并清洁体重秤，便于下一个动物直接使用。

5.3.2 心率或脉搏测定

动物站立保定，检查者站在动物一侧，一手握住后肢，另一手伸入内侧，用食指和中指的指腹轻压股动脉检查，计时 30 s，数值乘以 2 即为脉搏次数并记录。心率测量时，检查者将听诊器置于动物左侧胸壁 3~6 肋间下 1/3 处，待听到完整心音后开始计时 30 s，数值乘以 2 即为心率并记录。在动物紧张或剧烈运动后，心率和脉搏可能会偏高，可待动物平静后重新测量。

5.3.3 呼吸次数测定

将动物放在干净的检查台上，等待几分钟让动物平静下来，仔细观察动物胸壁的起伏运动，一起一伏为一次呼吸，计时 30 s 的数值乘以 2 即为呼吸次数并记录。

5.3.4 体温测量

动物体温通常测量直肠温度。准备好测量体温要用的物品，如使用数字体温计，需将一次性肛表套套在体温计外面并涂抹润滑剂；如使用水银体温计，需准备酒精棉球和润滑剂等。测温前，将体温计归零或将水银柱甩在最低刻度之下，套上肛表套。动物站立保定，检查者一手抓住动物的尾根并上抬暴露动物肛门，另一手将体温计温柔地插入动物直肠，插入深度要以覆盖住体温计的探测头为宜，体型较大的动物则要插入的稍微深一些。数字体温计在数字稳定后，会发出"滴滴"的声音，即可取出；水银体温计需等待 3~5 min，待水银柱不再上升后即可取出，去掉肛表套或立即用酒精棉球擦拭干净即可读数并记录，记录时应注明是摄氏温度还是华氏温度。犬、猫正常生命体征参数见表 5-1 所列。

表 5-1 犬、猫正常生命体征参数

物种	体温 /℃	心率 /（次 /min）	呼吸 /（次 /min）
犬	37.5~39	幼犬 70~220 成年犬 70~180	10~30
猫	38.5~39.5	120~240	10~30

5.4 特殊检查

在动物进行基本的临床检查后，医生会根据初步检查结果针对患病动物身体某个部位做进一步的检查，如 B 超检查、X 线检查、CT 检查、MRI 检查、内镜检查、心电图检查、血压测定、实验室检查和组织病理学检查等，这些检查方法详见后续章节。

第 6 章　化验室

化验室是动物医院重要的组成部分，工作人员运用各类实验技术和方法，通过仪器操作，对动物的血液、分泌物、排泄物及组织细胞等进行检验，以获得反映机体功能状态、病理变化或病因等客观资料。实验室检查结果与其他临床资料结合分析，对于疾病的诊断、治疗及预后具有重要意义。

【实训目的】

（1）根据不同的检测目的，掌握动物血液、分泌物、排泄物和组织细胞等样品的采集方法。

（2）熟练制备各类细胞学涂片，掌握常用细胞学染色方法。

（3）正确使用化验室内的各种检测仪器。

（4）了解微生物检验的程序和采样方法。

（5）了解组织病理学和剖检的方法、程序。

【实训内容】

6.1　样品标签与标识

化验室检测项目繁多，样品来源复杂，从样品采集、检测到出具检测报告，整个过程可能需要花费数小时甚至数天的时间，所以必须对样品进行唯一性标识，以防混淆样本。大型动物医院常使用信息化管理系统对患病动物以条形码的形式进行信息化管理，患病动物在该动物医院拥有唯一的病历编号，医院工作人员使用条码扫描仪即可读取患病动物以往的病历信息、上传检验报告等，化验室工作人员将标有患病动物基本信息和条形码的标签打印出来，贴在样品管上，可大大降低差错率。没有采用条形码进行信息化管理的动物医院，化验室在收到送检样品时，必须给样品贴上标签，标签应包含动物名称、动物病历号、样品名称、采样时间、检测项目以及科室来源等重要信息（表6-1）。

表 6-1　样本标签

×××动物医院样品标签	
动物名称：	乐乐
病历号：	C1807010127
样品名称：	全血
检测项目：	血常规
采样时间：	2020.10.28
送检部门：	外科门诊
送检医生：	×××

6.2 血液采集与检查

根据检测项目和对标本要求的不同，临床检验采用的血液标本分为全血、血清和血浆。全血主要用于血细胞成分分析，血清和血浆则主要用于临床化学检查和血清学检查。市售的真空采血管和微量采血管，已在管内预置抗凝剂和促凝剂，可通过管盖的颜色进行区分（图6-1），采血时可根据检测项目选择采血管。采血量小于1 mL时一般选用微量采血管，采血量较多时可选用真空采血管。采血管颜色、管内添加剂成分和适用的检测项目见表6-2所列。

表 6-2 采血管分类及用途

管盖颜色	添加剂成分	适用检验项目
红色	无添加剂	常规生化、血清学检测
橙色	促凝剂	急诊生化、血清学检测
黄色	促凝剂和分离胶	急诊生化、血清学检测
绿色	肝素钠/锂	血气、血生化、红细胞脆性试验、红细胞压积试验和血沉
紫色	$EDTA-K_2$	血常规，但不适用于凝血试验、血生化、电解质和PCR试验
浅蓝色	3.2% 枸橼酸钠	凝血试验（抗凝剂与血液比例为1∶9）
黑色	3.2% 枸橼酸钠	血沉试验（抗凝剂与血液比例为1∶4）

采血前准备好所需物品：电动剃毛器、酒精棉球、灭菌干棉球、注射器、采血管和止血带等（图6-2）。

6.2.1 血液采集

6.2.1.1 静脉血采集

（1）头静脉采血　头静脉是最常用的采血部位。动物坐在或俯卧于诊疗台上，大型犬可坐于地上。保定人员用一只手臂绕过动物颈部将动物颈部紧靠保定者，并固定住动物头部，防止咬伤采血者，另一只手臂绕过动物背部并将动物躯干紧紧压住靠近保定者身体，用手握住动物前肢肘关节

犬头静脉采血

图 6-1 不同颜色标识的真空采血管

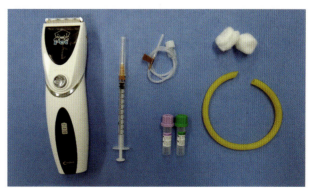

图 6-2 采血所需物品

上方并向前推,暴露采血部位。采血者左手握住采血肢,保持采血肢伸展,右指指腹触摸怒张的头静脉,若触摸不到,可在近心端用止血绷带扎紧,必要时可沿着头静脉进行剃毛(对非常介意剃毛的动物主人,需进行有效沟通)。在拟采血的部位用酒精棉球消毒,左手拇指顺着怒张的头静脉放置,固定血管。采血针针头斜面向上,与采血肢呈30°刺入,穿过皮肤进入血管后,穿刺针头末端会有血液流出,采集血样。采样结束后,保定人员松开握住的采血肢或松开止血带,采血者迅速拔出穿刺针头,立即用干棉球压迫采血点1 min(图6-3)。

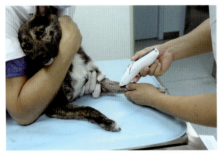

图6-3 头静脉采血

犬外侧隐静脉采血

(2)外侧隐静脉采血 外侧隐静脉斜向穿行于动物后肢胫骨的外表面,属于小的浅表静脉。动物侧卧于诊疗台或地面上,背向保定者。保定人员左手抓紧动物两前肢,同时用一侧手臂压住动物颈部,使其头部不能抬起,另一只手紧握动物膝关节下方并向后方伸展,隐静脉受到压迫怒张,必要时可剃毛,用酒精棉球对拟采血部位消毒,采血者左手拇指沿隐静脉方向按压固定隐静脉,右手持采血针,操作同头静脉采血方法(图6-4)。

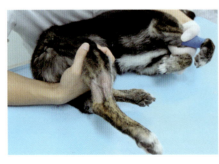

图6-4 外侧隐静脉采血

猫颈静脉采血

(3)颈静脉采血 颈静脉是动物体表浅层的大静脉,血管粗、血流量大,在动物发生脱水等因素造成四肢末梢静脉采血不足时可选择颈静脉采血。但患有凝血功能障碍的动物不建议进行颈静脉采血。颈静脉采血时应保定确实,否则容易发生出血、皮下血肿和静脉损伤等并发症。

小型犬(或幼犬)和猫俯卧保定于诊疗台上,保定者一手抓住两前肢腕关节上方，另一手扶住动物下颌并上抬，使动物颈部伸展。对反抗强烈的猫，可把猫放进猫袋，仅露出头部和颈部，然后将动物侧卧或仰卧保定于诊疗台上，保定者用一只手臂抱住猫，使猫紧贴着人的身体，另一只手抓住猫的头部，使颈部伸展。中大型犬可以俯卧或坐在诊疗台或地面上，保定者一个手臂环绕犬的身体，使其紧贴保定者的身体，另一手握住犬下颌并上抬暴露颈部。采血者

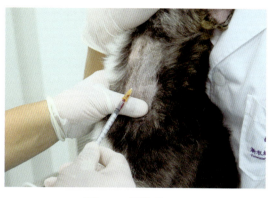

图 6-5 颈静脉采血

在胸腔入口处按压气管外侧的颈静脉沟，使颈静脉充血扩张，必要时可剃毛。用指腹触摸颈静脉，酒精棉球消毒后进行采血，操作同头静脉采血方法（图 6-5）。穿刺时略有疼痛感，此时应保定确实，避免因动物移动造成反复穿刺（引起静脉过度损伤、出血或皮下血肿等并发症）。

（4）内侧隐静脉采血　内侧隐静脉是位于后肢内侧的浅表静脉，血管沿动物后肢内侧中线部位上行，长而直，多用于猫的静脉穿刺。猫进行侧卧保定于诊疗台上，四肢朝向采血者，背部朝向保定者。保定者右手握住位于上方的后肢，使后肢弯曲贴紧动物身体，左手固定住动物头部，使动物身体保持伸展状态。穿刺前，保定人员按压采血肢的腹股沟部，使内侧隐静脉怒张。采血者左手握住位于下方的后肢跗部，使其伸展，右手触摸穿刺部位，找到怒张的静脉，如有必要可剃毛。使用酒精棉球对采血部位进行消毒，左手拇指置于血管边缘进行适当按压固定血管，操作同头静脉采血方法（图 6-6）。

猫内侧隐静脉采血

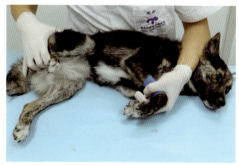 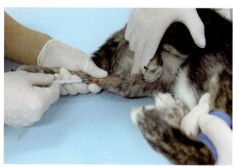

图 6-6 内侧隐静脉采血

6.2.1.2 动脉血采集

动脉血常用来评估动物呼吸功能、氧化和酸碱平衡状态。动脉血采集，常在股动脉和跖背侧动脉进行，与静脉血采集相比，动脉血管位置较深，基本靠手指触摸，采血难度稍大。动脉穿刺前应注意评估动物体况，对患有凝血不良性疾病或血小板减少症的患病动物

应禁止进行动脉穿刺。若动物灌注不良或出现低血压时,动脉难以触及,此时采集动脉血较为困难。

血气分析仪需要根据动物体温校正检测结果,在采血前应测量并记录动物体温。血液凝固或血液中混有空气都会影响检测结果的准确性,肝素锂是血气分析最佳抗凝剂,可以使用肝素化的注射器,或在采血前用 1 000 U/mL 肝素润湿注射器,再排空注射器内的肝素。

(1)股动脉血采集 动脉血采集最常用的部位是股动脉。股动脉位于近端股内侧中线附近,紧贴耻骨肌的头侧,与股静脉伴行,从近端向远端延伸。动物侧卧于诊疗台上,保定方法同内侧隐静脉采血,采血部位剃毛消毒。采血者用左手食指和中指指腹触摸寻找股动脉跳动最明显的位置,右手持肝素化的注射器,在两指间跳动的动脉处刺入股动脉,当穿透动脉时,血液回流,抽吸血液样品,拔出针头并迅速压迫穿刺部位 3~5 min,以防止出现血肿(图 6-7)。同时,应将针头插入橡胶塞或专用盖帽中密封样本。若注射器或针头中有气泡,密封前应推出针头和注射器中所有的气泡,必要时可推出适量血液,减少空气对测量结果的影响。

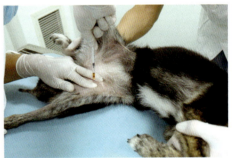

图 6-7 股动脉采血

(2)跖背侧动脉血采集 跖背侧动脉位于后肢的头侧面第 2~3 跖骨,紧贴趾长伸肌腱远端内侧,可用于动脉血的采集。根据动物体型,取侧卧或仰卧体位。跖部背部剃毛消毒,采血者用左手食指和中指指腹触摸跖部背侧与趾长伸肌腱的远端内侧,寻找跖背侧动脉跳动最明显的位置,采血操作同股动脉采血方法(图 6-8)。

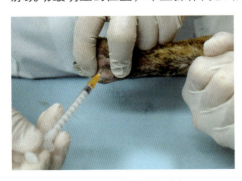

图 6-8 跖背侧动脉采血

采集动脉血后,最常见的并发症是局部形成血肿,主要是由于未及时按压或按压时间过短导致的。因此在采集动脉血后,应立即按压采血点 3~5 min。此外,容易因操作失误导致测量结果出现偏差,常见的操作失误包括:①拔出注射器后,未立即用橡胶塞密封针头,导致空气混入样本。②采血结束后,因操作不熟练,抽拉注射器钉栓,导致吸入空气。③样品中混入过多肝素造成测量的二氧化碳分压值降低。④采血后未立即进行样本检测，导致测量结果产生误差。动脉血气样品若无法立即检测，应 4 ℃保存不超过 1 h。

6.2.2 血常规检查

血常规检查是通过观察血细胞的数量变化及形态分布从而判断血液状况，提示动物可能患有某类疾病的检查。随着检验现代化、自动化的发展，现在的血常规检验是由血球计数仪检测完成的。目前，动物医院多采用全自动血球计数仪进行血常规检查。从细胞分类上，血球计数仪又可分为三分类和五分类（白细胞分类）血球计数仪。血常规检查项目主要包括：红细胞计数（RBC）、血红蛋白（Hb）、白细胞计数（WBC）及血小板（PLT）等。

采集静脉血后，拔掉采血针针头，将血液注入含有 $EDTA-K_2$ 或 $EDTA-Li_2$ 抗凝剂的采血管中，充分混匀后，按照仪器操作说明进行样品检测。在检测前，应熟悉血球计数仪的操作规程和维护方法，检测结束后，核对检测结果并将结果打印或上传至病历管理系统中，清洁工作区域。

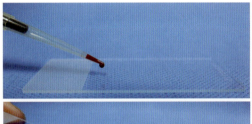

图 6-9　血涂片制作

6.2.3 血涂片检查

采集新鲜血液或 EDTA 抗凝全血，取一滴血液（约 20 μL）滴在载玻片的一端，左手固定该载玻片，右手另取一张载玻片握住一端，置于血滴前方，两载玻片成 30°~45°，向后拉动推片接触到血滴，待血液沿推片边缘散开形成一直线，迅速由后向前推动右手载玻片，形成均匀、薄如蝉翼、尾端形如弧状或羽毛状的血涂层，用铅笔标记标本信息，待涂片自然晾干后，进行染色镜检（图 6-9）。

图 6-10　Diff-Quik 染色液

Diff-Quik 染色是在 Wright 染色基础上改良而来的一种快速染色方法，是细胞学检查中常用的染色方法之一，一般在 1 min 之内即可完成染色（图 6-10）。染色方法如下：

①将风干的血涂片放在盛有固定剂的染色缸内，将血

血涂片制作　　Diff-Quik 染色

涂片完全浸没固定液中，固定 20 s，用镊子夹起载玻片并倾斜，让多余的固定剂流回染色缸内。

②将载玻片浸入 Diff-Quik Ⅰ 染液中，染色 10~20 s（可上下提动载玻片 2~3 次，使染液均匀分布），提起载玻片并倾斜，让多余的染液流回染色缸内。

③将载玻片浸入 Diff-Quik Ⅱ 染液中，染色 10~20 s（可上下提动载玻片 2~3 次，使染液均匀分布），提起载玻片并倾斜，让多余的染液流回染色缸内。

④将载玻片浸入自来水中洗掉染液即可取出，用纸巾擦干载玻片背面残余的水渍，然后放在显微镜下进行观察。一张染色较好的血涂片，肉眼可观察到整张片子呈紫色略泛粉红色。镜下可见，红细胞和细胞质通常被染成粉红色，白细胞的细胞核被染成深蓝色，血小板呈紫色。油镜下观察各种细胞的形态，以及是否存在微生物或寄生虫感染等。

6.2.4　血液生化检查

血液生化检查是指用生物或化学的方法对动物身体内脏器官功能的评估，全套的生化检查项目一般包括血糖、血脂、肝功能、肾功能、离子、淀粉酶和心肌酶等。根据样品与试剂发生化学反应是否为固相化学反应，可以将生化分析分为干化学式和湿化学式生化分析。干化学式是将液体样品直接加到已固化于特殊结构的试剂载体（即干式化的试剂）中，以样品中的水为溶剂，将固化在载体上的试剂溶解后，再与样品中的待测成分进行化学反应，从而进行分析测定。湿化学式是在反应容器中加入液态试剂和样品，混合后发生的化学反应。不论是干式还是湿式生化分析仪，仪器负责人必须熟练掌握仪器的操作方法，经常检查试剂的有效期，定期做好仪器维护与校准。根据仪器不同，检测指标参考值会稍有差别。

生化检查通常是检测血清，采血时可选用无抗凝剂采血管或含有促凝剂采血管，采血后颠倒混匀采血管，让血液与促凝剂充分混合后，置于室温或 37 ℃水浴 20 min，促进血清析出，3 000~3 500 r/min 离心 10~15 min，取上清（血清）液进行生化检测。如果动物病情紧急，可以使用肝素抗凝的采血管，颠倒混匀，离心，取上清（血浆）液上机检测。如果在 4 h 内无法检测，需将血清/血浆样品冷藏于 2~8 ℃；如果 48 h 内无法检测，需将血清/血浆冻存于 −20 ℃以下。

6.2.5　血气和电解质检测

血气分析用于评价动物的氧合、通气及酸碱平衡状况，是急诊动物病情变化的重要检测指标。血气分析仪可分为单独的血气分析仪、血气电解质分析仪，以及血气电解质联合葡萄糖和乳酸等多参数模块组合式分析仪。根据检测方式的不同，血气分析仪有干式和湿式分析仪两种，动物医院多使用干式分析仪。血气检测项目包括酸碱度（pH 值）、二氧化碳分压（PCO_2）、二氧化碳总量（TCO_2）、氧分压（PO_2）、血氧饱和度（SpO_2）、碳酸氢根离子（HCO_3^-）和剩余碱（BE）。电解质检测项目包括 Na^+、K^+、Cl^- 和 Ca^{2+}。仪器负责人应熟练掌握血气分析仪的操作方法，定期做好仪器维护与校准。根据仪器不同，检测指标参考值会稍有差别，犬、猫血气和电解质分析正常参考范围见表6-3所列。在测定动脉血气之前，应对患病动物的身体状况进行评估，了解动物的呼吸状况，若对正在吸氧的动物或需要呼吸机支持呼吸的动物，需要了解吸氧或呼吸机参数的设置。评估患病动物穿刺部位皮肤及动脉搏动情况。血气分析一般检测动脉血全血，采血过程见本章6.2.1.2。检测结束后，打印检测结果或将结果上传至病历管理系统中，清洁工作区域。

表6-3 犬、猫血气和电解质分析正常参考范围

参数	单位	犬	猫
pH	—	7.36~7.44	7.36~7.44
PCO_2	mmHg	36~44	28~32
TCO_2	mEq/L	25~27	21~23
PO_2	mmHg	90~100	90~100
SpO_2	%	>95	>95
HCO_3^-	mEq/L	24~26	20~22
BE	mmol/L	（-5）~0	（-5）~2
Na^+	mmol/L	144~160	150~165
K^+	mmol/L	3.5~5.8	3.5~5.8
Cl^-	mmol/L	109~122	112~129
Ca^{2+}	mmol/L	1.25~1.5	1.13~1.38

引自：林政毅，谭大伦，翁伯源，等，《宠物医师临床手册》，2019。

6.2.6 血凝分析

凝血过程可分为凝血酶原酶复合物的形成、凝血酶原的激活和纤维蛋白的生成三个基本步骤。因此，凝血功能检查可以了解患病动物有无凝血功能的异常，有效防止在术中及术后出现出血不止等意外情况。犬、猫凝血常规检测项目及参考范围见表6-4所列。在检测前，操作人员应熟悉血凝仪的操作流程和注意事项。例如，血液样品是新鲜未抗凝全血，采血后应立即检测；样品是枸橼酸钠抗凝全血，则须在采血后2 h内检测，并确保样品保存在室温条件下。采血部位使用酒精棉球消毒，待酒精自然风干后再采血，否则酒精会干扰试验结果。使用一次性塑料采血器采集样品后转移至含3.2%枸橼酸钠的采血管。轻轻混匀采血管，让血液与枸橼酸钠作用至少5 min后再开始检测。

表 6-4　犬、猫血凝常规检测项目及参考范围

检测项目	参考范围	
	犬	猫
凝血酶原时间（PT）/s	5~15	6~15
国际标准化比值（INR）	0.5~1.6	0.5~1.6
活化部分凝血活酶时间（APTT）/s	15~45	15~43
血浆纤维蛋白原（FIB）/（g/L）	1~3	1~2.5
凝血酶时间（TT）/s	8~20	9~19
激活全血凝固时间（ACT）/s	50~150	50~140

引自：林政毅，谭大伦，翁伯源，等，《宠物医师临床手册》，2019。

6.2.7　血清学检测

血清学检测是根据抗原抗体特异性反应原理，结合胶体金免疫层析、酶标和凝集技术等开发的多种检测试剂盒，可以检测动物体内是否含有某种病原或抗体、抗体水平等，在动物临床疾病诊断中应用广泛。根据检测项目和检测方法的不同，样品可以是血清、血浆、全血、呼吸道分泌物、尿液或粪便等。在采样前应仔细阅读检测试剂盒的操作说明，准备好检测所要用到的所有试剂和材料，根据说明书进行采样和检测，一般 5~10 min 就可得到检测结果。动物医院一般常备多种检测试剂盒，应做好试剂盒和样品的标识工作，以免混淆试剂或样品。

6.3　尿液采集与检查

尿液的成分和性状反映了机体的代谢情况，同时也受机体各系统功能状态的影响。尿液检查是兽医临床检验的常规检验项目之一，用于对泌尿系统疾病、代谢性疾病及其他疾病（如溶血性疾病或其他引起肾脏结构和功能损伤的疾病等）的诊断及治疗效果的评估等。尿液检测的主要内容包括物理性状、化学成分及尿沉渣的显微镜检查。

6.3.1　尿液采集

常用的尿液采集有自然排尿、导尿和膀胱穿刺三种方法。采集的尿液要盛放在干净无污染的容器中，最好能在 30 min 内进行尿液分析。

6.3.1.1　自然排尿

通过自然排尿收集的尿液，样品须是"中段"尿液，即采集动物排出的中间部分的尿液。自然排尿是评价血尿最为准确的一种尿液采集方法，可避免其他采尿方法操作不当导致出血而增加尿中血细胞的数量。采样前，使用蘸有消毒水的棉球擦拭动物尿生殖道口周围，可用小的塑料杯放在动物排尿口下方，待动物自然排尿时，收集尿液。但因动物本身的特点，自然排尿收集的方法往往不容易实现。

6.3.1.2 膀胱穿刺

膀胱穿刺是一种侵入式采样技术，穿刺针穿透腹壁直接进入膀胱，由注射器抽吸尿液而采集尿液的方法。经膀胱穿刺前需对患病动物进行体况评估，当动物患有出血性疾病、子宫蓄脓或前列腺脓肿时，应慎行膀胱穿刺；给患有膀胱癌的动物进行膀胱穿刺时，可能将肿瘤细胞带入到腹腔中，不宜进行膀胱穿刺。

猫膀胱穿刺

动物仰卧或侧卧保定，一些大型犬也可以站立保定。穿刺者触诊腹部，确定膀胱大小和位置，局部剃毛消毒，用拇指和食指固定膀胱顶部，取 5 mL 带针注射器斜向尾侧穿透腹壁，刺入膀胱，抽取适量尿液，按压穿刺点，拔出注射器针头，将尿液转移至采样管中（图 6-11）。若因动物紧张或肥胖触诊不到膀胱时，可在超声引导下进行膀胱穿刺。

6.3.1.3 导尿

导尿是用一次性导尿管，从动物外泌尿道口插入膀胱，导尿管外口连接注射器抽吸而采集尿液的方法。导尿属于侵入式操作，在操作时要遵循无菌原则。导尿时应避免对膀胱或尿道造成损伤或污染，以免加重病情。使用一次性医用无菌手套、一次性导尿管（根据动物种类及体型进行准备）、无菌纱布、利多卡因凝胶、注射器、开窒器、尿杯或尿袋等。

（1）公犬导尿方法（图 6-12） 助手将公犬侧卧保定（以右侧卧为例），左后肢向后外翻转；操作者右手持阴茎骨向头侧推，左手将阴茎包皮向尾侧移动，暴露龟头，并移交右手固定；左手持导尿管（导尿管头部涂布利多卡因凝胶），自阴茎口插入导尿管直至膀胱，可见尿液流出；用注射器充气球囊，防止导尿管脱落。同时，外接注射器或者尿袋，收集尿液。

公犬导尿

图 6-11 膀胱穿刺采集尿液

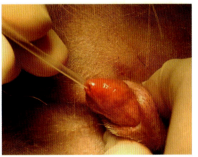

图 6-12 公犬导尿

（2）母犬导尿方法（图 6-13） 一般采取犬正常站立姿势，新洁尔灭清洗阴门。助手将犬尾向上翻转，操作者戴无菌乳胶手套，右手食指涂布利多卡因凝胶，探入阴道，触摸到阴蒂，继续向头侧进入阴道前庭，可触及前庭球，其头侧为尿道开口。另一手持导尿管（头部涂布利多卡因凝胶），沿右手食指插入导尿管，插入膀胱后连接注射器或者尿袋，收集尿液。

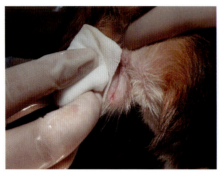 

图 6-13　母犬导尿

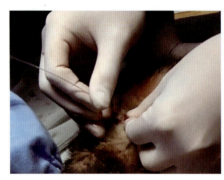 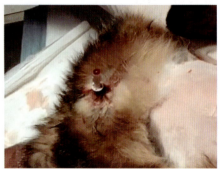

图 6-14　公猫导尿

公猫导尿

（3）公猫导尿方法（图 6-14）　猫导尿常需进行镇静，动物仰卧保定，双后肢外展，充分暴露阴茎。清洗后，将阴茎包皮退回，暴露龟头。另一只手持涂布利多卡因凝胶的导尿管，自阴茎口插入并推入膀胱，可见尿液流出。如需长期保留，可将导尿管固定在包皮上，一般至少固定 2 针。

（4）母猫导尿方法　母猫导尿需先镇静，动物俯卧保定，上举尾部。清洗阴门。操作者带无菌乳胶手套，右手食指涂布利多卡因凝胶，探入阴门，触摸到阴蒂，继续向头侧进入阴道前庭，其头侧为尿道开口。另一手持导尿管（头部涂布利多卡因凝胶），沿右手食指插入尿道并推入膀胱，连接注射器或尿袋，收集尿液。

6.3.2　尿液检查

6.3.2.1　物理性状

尿液物理性状检查主要包括尿液颜色、透明度、气味和尿比重。

（1）尿液颜色　正常犬、猫尿液颜色为淡黄色或黄色，尿色的深浅常与食物、药物和尿量多少有关。尿液颜色异常通常有：

①红色：尿液中含有一定量的红细胞，又称血尿。

②酱油色或浓茶色：多为血红蛋白尿。

③乳白色：多因淋巴管阻塞而引起，又称乳糜尿。

④深黄色：因尿液中含有大量的胆红素，多见于各种原因所致的肝细胞性及阻塞性黄疸，也可见于服用某些药物后。

（2）透明度　正常犬、猫尿液是清亮透明的。异常的透明度从浑浊到絮状，如患有泌尿系统感染时，尿液静置后可见白色絮状沉淀。

（3）气味　健康犬、猫新鲜的尿液具有微弱气味，尿液放置过久被细菌污染后，呈氨味。异常的尿液气味通常有：

①腐败性臭味：常见于泌尿道细菌感染。

②特殊的水果味或甜味：常见于糖尿病或酮症。

（4）尿比重　是指在4℃条件下，尿液与等体积纯水的质量之比，其高低取决于尿中溶解物质的浓度，反映了肾脏浓缩功能。在临床实践中，要结合动物的脱水状态及血清中尿素氮与肌酐等指标进行综合判读。尿比重检测可使用动物专用尿比重仪或折射仪，尿液经1 500 r/min离心5 min后再进行尿比重检测，尿液中的结晶、管型和细胞等不会引起光折射，冷藏尿液需回温至室温后再检测。犬、猫尿比重正常范围：1.020~1.050（犬），1.025~1.060（猫）。

6.3.2.2　尿常规

尿液化学分析是对尿液中多种无机和有机物质等化学成分进行检测，又称尿常规。尿常规检测项目包括酸碱度（pH值）、白细胞（LEU）、尿蛋白（PRO）、尿糖（GLU）、酮体（KET）、尿胆原（UBG）、胆红素（BIL）和隐血（BLD）。现在，临床上广泛使用的是干化学分析法，即将检测尿中各种成分的试剂附着在纸上（或胶片上），使用目测或尿液分析仪进行分析。

尿常规操作如下：

①当尿样较多时，应将试纸条上所有测试区域浸入样本中，并立即取出；当尿样较少时，可使用清洁干燥的吸管吸取尿样，试纸条倾斜30°，将尿样滴在试纸条上，并保证所有色块均有尿液流过。

②用吸水纸蘸干试纸条上多余的尿液。

③目测时，应在上样30 s后2 min内将浸有尿样的试纸条与瓶签上的比色卡进行比较，如图6-15（a）所示。若使用尿液分析仪，则把试纸条放入分析仪中，开始检测即可，如图6-15（b）所示。

④检测结束后，记录或打印结果，擦拭仪器及操作台面。

6.3.2.3　尿沉渣检查

尿沉渣检查是对尿液中的有机沉渣和无机沉渣进行显微镜下检查。其中，有机沉渣包括各种细胞和管型，无机沉渣主要为形态各异的盐类结晶。尿沉渣检查可以补充理化检查的不足，对肾脏和尿路疾病的诊断有重要意义。

取混合均匀的新鲜尿液1 mL，置于清洁干燥的离心管中，1 500 r/min离心5 min，

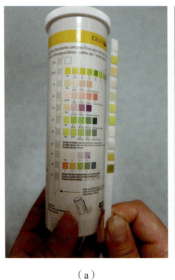
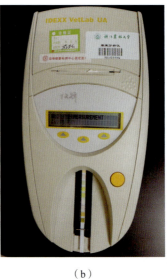

（a） （b）

图 6-15 尿常规检查

弃上清液，留下 0.2 mL 沉渣，混匀，取尿沉渣（约 20 μL）于载玻片上，用移液枪头轻轻涂布使其分散，滴加一滴染液（如不染色，也可不加），覆盖盖玻片，随后立即进行显微镜观察（图 6-16）。先在低倍镜、稍暗视野进行观察，观察到大体印象后再转换高倍镜仔细观察，并记录检查结果。

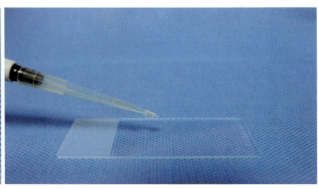

图 6-16 尿沉渣镜检

6.4 粪便采集与检查

粪便检查是临床上了解消化系统病理变化的一种检查方法，检查内容主要包括物理检查、化学检查、显微镜检查和其他实验室检查等。

6.4.1 粪便采集

样本采集是进行粪便检查的关键，常用的粪便采集方法有：动物自主排便、直检（无菌棉拭子或手指直检）采样和导粪采样三种方式。粪便采集后应尽快送检，若不能立即检查，应置于 2~8 ℃冷藏。

6.4.2 粪便的检查

6.4.2.1 物理检查

粪便物理检查主要包括颜色、软硬度、气味，是否存在血液、黏液、异物和寄生虫等。

（1）颜色　粪便的颜色常受饲料种类及胆汁分泌的影响，犬、猫正常粪便呈浅黄色至黄褐色。常吃动物脏器（如肝脏）的其粪便多呈黑色；常吃骨头则多呈灰色；常吃绿色植物则多呈暗绿色；服用药物（如铁剂、铋剂、碳粉等）则呈黑色；食物消化速度减慢或食糜中缺乏水分，粪便颜色变深呈黑褐色球状；动物患有溶血性贫血、肝性黄疸或胆汁分泌量增多时，粪便常呈橄榄绿色至黑绿色；消化道出血时，粪便颜色可呈鲜红、暗红或柏油样。

（2）软硬度　犬、猫正常粪便为圆柱状，稍硬，收集后可以维持起初形状，仅在地面留下少量便渍。为便于疾病诊断，临床上会根据粪便的形状和软硬度，把犬、猫粪便进行分类，常用的有 5 分制和 7 分制，表 6-5 为犬、猫粪便 7 分制评分系统。

表 6-5　犬、猫粪便评分系统（7 分制）

评分	性　状
1	粪便又干又硬，呈一颗颗坚果型粒状，捡拾后地面干净无便渍
2	粪便结实但不坚硬，表面凹凸不平，呈香肠型条状，捡拾后地面没有或很少便渍
3	粪便呈短圆柱状，表面湿润、分段，捡拾时可保持形状，地面留有少量便渍
4	粪便呈短圆柱状，表面湿润，捡拾时不能维持形状
5	粪便具有一定的形状，但不是圆柱状，表面非常湿润，捡拾时不能维持形状，地面留下较多便渍
6	粪便不成形，稀软，糊状，不能捡拾
7	粪便呈液体状，没有固体，不能捡拾

（3）气味　粪便的气味是由细菌分解的产物所导致的，其主要成分有吲哚、粪臭素、硫化氢等。粪便特殊气味的检查，可以帮助初步诊断消化系统疾病。吃肉较多的动物比吃商品粮的动物，粪便臭味更大。粪便的异常气味主要有恶臭、腥臭或者酸臭。当动物患有胰腺疾病、慢性肠炎、腐败性下痢，粪便可呈恶臭味；当动物患有出血性肠炎时，粪便可呈腥臭味；当动物对脂肪或糖类消化或吸收不良时，粪便可呈酸臭味。

（4）黏液　正常粪便中带有少量黏液，但因与粪便均匀混合不易发现。如果出现肉眼可见的黏液，说明黏液量增多。当黏液平均混入粪便中，粪便呈液状或米浆状，若黏液覆盖在粪便表面，粪便则呈光滑状。黏液便可见于急性腹泻、慢性肠炎、感染性胃肠炎、溃疡性结肠炎、肠道寄生虫感染、肠癌等。

（5）血液　正常粪便中没有血液，若肉眼见到粪便颜色呈鲜红、暗红或柏油样，则为便中带血,又称便血。若粪便中仅有微量血液,肉眼无法观察时,则需要对粪便进行隐血检查。便血的颜色取决于消化道出血的部位、出血量和血液在胃肠道停留的时间。通常下消化道出血(如结肠、直肠)粪便呈弥漫性红褐色或红色条纹,上消化道出血时粪便呈褐色或煤焦油色。

6.4.2.2 化学检查

(1)隐血试验 隐血是指胃肠道少量出血,红细胞被消化破坏,用肉眼和显微镜均无法观察到,消化道任何部位的少量出血都可能造成粪便隐血。因此,粪便隐血试验对消化道少量出血的诊断具有重要价值。粪便隐血有多种检测方法,其中邻联甲苯胺法最为灵敏,也最为常用,其检测原理是:血红蛋白中的亚铁血红素有类似过氧化物酶的活性,能催化过氧化氢分解释放新生态氧,将受体邻联甲苯胺氧化成邻甲偶氮苯而显蓝色。目前,已有商品化的粪便隐血检测试剂盒,操作简单,根据试剂盒说明书进行检测即可。为避免饮食或药物的影响,在进行隐血试验前3天,待检动物应禁食肉类、肝脏和血制品等,禁止服用含铁、铜、碘化钾和溴化物等药物。采集的标本尽快检测,并应从粪便表面和内部分别挑取样品进行检验。

(2)粪胆红素检查 正常粪便中无胆红素,在哺乳幼畜因正常肠道菌群尚未建立或成年动物因腹泻等肠蠕动加速,使胆红素未被或来不及被肠道细菌还原时,粪便呈深黄色,胆红素定性试验呈阳性。

6.4.2.3 粪渣检查

使用棉棒取少量粪便,直接涂抹于载玻片上,如果粪便比较干,可以在载玻片上滴一滴生理盐水,将粪便与其混匀,涂成薄薄的一层,以能透视载玻片底下字迹为宜,盖上盖玻片镜检,主要检查寄生虫卵、原虫、淀粉颗粒和脂肪小滴等。使用碘液代替生理盐水进行粪便涂片,多用于原虫包囊的染色,可提高粪便中原虫感染检出率(碘液配方:碘化钾4 g,溶于100 mL蒸馏水中,再加入碘2 g,溶解后储存于棕色瓶)。

6.4.2.4 粪便细胞学检查

为进一步检查粪便中细菌、上皮细胞、白细胞、红细胞和吞噬细胞等,可首先按照6.4.2.3方法制备粪便涂片,待自然风干后进行Diff-Quik染色,隐孢子虫进行耐酸染色,革兰染色前进行热固定。

6.4.2.5 粪便寄生虫检查

粪便寄生虫检查方法包括肉眼观察、直接涂片、漂浮法和沉淀法。

(1)肉眼观察 寄生虫的成虫随粪便排出体外,此时肉眼可直接观察到,并根据虫体的形状大体判断寄生虫种类。

(2)直接涂片 是最简单和最常用的检查方法,但当动物体内寄生虫数量不多或粪便中虫卵较少时,有时不能检查出虫卵。检查方法见6.4.2.3,适用于各种寄生虫的虫卵检查。

（3）漂浮法　是利用一些虫卵相对密度小于饱和盐水的原理，使虫卵浮集于饱和盐水的表面，以提高虫卵检出率的方法。操作方法如下：

①自粪便不同处挑取蚕豆大小的粪块，置于盛有少量饱和盐水的漂浮管中。

②将粪便捣碎，与盐水搅匀，再加入饱和盐水，直至液面高出管口但不超出为止。

③取洁净载玻片盖在管口上，静置 30 min。

④垂直提起载玻片，快速翻转，盖上盖玻片镜检。

（4）沉淀法　是利用一些原虫包囊和蠕虫卵的相对密度大于 1（水的相对密度）的原理，除去粪便中不溶于水的杂质和水溶性成分，使虫卵离心沉淀的检查方法。操作方法如下：

①自粪便不同处挑取蚕豆大小的粪块于烧杯中，加清水，充分捣碎搅拌。

②用筛网过滤，取滤液置于离心机中，500 r/min 离心 2~3 min，弃上清液，加入清水混匀，再离心，如此反复 2~3 次，直至上清液清亮为止。

③弃大部分上清，留约为沉淀 1/2 的溶液，混匀沉淀，镜检。

在临床操作中，为提高虫卵检出率，可以将沉淀法和漂浮法结合起来应用。例如，先用漂浮法将虫卵漂浮起来，再用沉淀法将虫卵沉淀，然后镜检。犬、猫临床常见的肠道寄生虫包括球虫、滴虫、贾第鞭毛虫、吸虫、绦虫、蛔虫和钩虫等，可在动物医院化验室内张贴寄生虫虫卵的图谱，便于寄生虫的检查与鉴定。

6.4.2.6　粪便微生物检查

动物肠道中栖居大量不同种类的微生物，这些微生物参与动物的营养、消化和吸收，同时参与机体的免疫调控，维护动物健康。肠道感染多是由病原微生物在肠道内生长繁殖而引起的，但由于引起肠道感染的微生物种类多，致病作用各不相同，因此，胃肠道感染的诊断较为困难。临床上，常见的粪便微生物学检查包括直接涂片染色法（详见本章 6.4.2.3）、细菌分离（详见本章 6.9.1）与病毒抗原检测等。其中，细小病毒、冠状病毒、轮状病毒和弓形虫的诊断，通常取粪便进行免疫胶体金试剂盒或 PCR（详见本章 6.9.4）的方法进行抗原检测。

6.5　皮肤样品采集与检查

6.5.1　皮肤细胞学检查

皮肤细胞学检查是一种快速、简单易行的诊断技术，为皮肤疾病的诊断提供基本依据。常用的皮肤细胞学采样与检查方法有皮肤刮片法、拔毛法、载玻片压片法、细针（抽吸）穿刺法、醋酸胶带制片法等。

6.5.1.1　皮肤刮片法

皮肤刮片法常用于诊断蠕形螨、疥螨等寄生虫引起的感染。准备好所

皮肤刮片取样

需材料：载玻片、矿物油或10%KOH（矿物油与10%KOH区别见表6-6所列）、滴管、手术刀片、盖玻片。具体操作：在载玻片上滴加少量矿物油。操作者双手佩戴检查手套，一手持刀片（刀片蘸取少量矿物油），一手捏住采样部位皮肤并用力挤压，用刀片沿毛发生长的方向刮取皮屑至轻微出血为止。将刀片上的刮取物转移至载玻片上，与矿物油混合均匀，盖上盖玻片，置于显微镜下进行观察（图6-17）。刮片应选择病变明显的部位，如疥螨可选择耳郭边缘和肘部、蠕形螨可选择病灶与健康皮肤交界的部位。采样时，应选择多个部位刮片，以提高检出率。在刮片时，应保定好动物，防止动物乱动，刀片划伤皮肤。

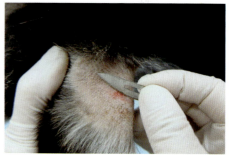

图6-17 皮肤刮片

表6-6 矿物油与10%KOH区别

试剂	特点
矿物油	①有黏附性，帮助皮肤刮取物黏附在刀片和载玻片上 ②对皮肤无刺激，不会杀死螨虫，镜下可观察到螨虫活动 ③对样本无透明作用，无法观察虫体内部结构
10%KOH	①分解角蛋白，对样本有透明作用，长时间作用有助于辨认虫体内部结构 ②对皮肤有刺激性，可杀死螨虫，无法观察到螨虫活动

6.5.1.2 拔毛法

拔毛法常作为皮肤蠕形螨检查的一种辅助手段。准备好拔毛检查所需材料：止血钳、载玻片、矿物油或10%KOH、滴管和盖玻片。具体操作：先选取检查部位，用止血钳在病灶或病灶周围皮肤拔取少量毛发，将毛囊拔出，将拔出的毛发置于滴加10%KOH或矿物油的载玻片上，盖上盖玻片，置于显微镜下进行观察。

6.5.1.3 载玻片压片法

载玻片压片主要用于皮肤表面有渗出、溃疡、糜烂或斑块等病变部位样品的采集，并进行细胞学检查。准备好检查所需材料：载玻片、酒精灯、Diff-Quik染液和盖玻片。具体操作：操作者佩戴手套，手持载玻片两端，直接按压在患病皮肤上。如果患部结痂，可使用消毒针头轻轻移除结痂，再按压采样。注意，患部通常较湿润，细胞比较容易贴在载玻片上，采样时不用过度按压，否则可能会改变细胞形态。

6.5.1.4　细针（抽吸）穿刺法

细针（抽吸）穿刺活检常用于脓疱、结节、肿瘤或肿块的检查。对于脓疱，可使用细针穿刺结合载玻片压片的方法来取样：首先使用消毒过的细针刺破脓疱基部，脓液流出，用载玻片按压取样。对于结节、肿瘤或肿块样病变，根据凸起的大小，选择合适的针头型号，将针头直接插入结节中取样，通常情况下，针头内样品足够用于常规细胞学检查。若需要更多的样品，可在针头连接注射器，进行抽吸取样，然后断开注射器与针头，释放负压。如果有需要，可换个穿刺部位，多次抽吸。样品采集结束后，将针头或注射器内的样本轻柔地推到载玻片上，再取一个新的载玻片，盖在样品上，反方向滑动，将样品均匀涂抹成椭圆形。当采集到大量样品时，可以把样品置于多个载玻片上，多制备几个载玻片用于多种化学染色。

6.5.1.5　醋酸胶带制片法

醋酸胶带制片法主要用于干性脱屑性皮炎、姬螯螨或真菌感染的检查。具体操作：操作者手持醋酸胶带，用黏性面多次按压采样区域或按压多个部位。若样品用于姬螯螨的鉴定，则将胶带黏性面朝下贴在滴有10%KOH的载玻片上，直接镜检。若样品用于真菌、细菌或细胞学检查，可将胶带用于Diff-Quik染色，若胶带卷曲，则可以直接使用Diff-QuikⅡ染料，也可以取得良好染色效果，即在载玻片上滴几滴Diff-QuikⅡ染液，将胶带黏性面朝下贴在载玻片上，用吸水纸吸去多余的染液，镜检。

6.5.2　皮肤活组织检查

皮肤活组织检查（活检）是从动物身体取下一部分活体病变皮肤组织进行病理检查，以明确诊断、指导治疗和判断预后，对于皮肤病的诊断和治疗具有重要意义。皮肤活检常用于慢性皮肤病、疑似肿瘤性皮肤病、感染性皮肤病和其他特异性皮肤病等。

6.5.2.1　活检部位选择

活检部位的选择直接影响皮肤病理切片的准确性，因此应注意以下几点：

①应尽量选取原发性损害，具有代表性的典型损害部位。

②对水疱性、脓疱性和其他含有病原体的损害，应选择早期损害部位，取材时应保持疱的完整性。

③取材时应包括皮下组织，不能过薄或过厚。

④当有多种皮肤损害时，应分别取材。

⑤可同时取一部分正常皮肤，以便与病变皮肤做对比。

6.5.2.2　皮肤活检方法

皮肤活检方法有外科手术切取法和钻孔法两种。根据动物性情，可以选择活检部位皮下浸润麻醉或全身镇静，注意不要将局麻药注射到皮内。

（1）手术切取法　适用于采取较大、较深的组织。取材部位剪毛消毒，注意不要擦洗病变部位皮肤，用手术刀垂直切开皮肤直达皮下组织，根据需要切下约 1 cm×0.5 cm 大小的皮肤，放入固定液（10% 福尔马林）中，缝合切口。

（2）钻孔法　适用于皮损较小、皮肤比较完整或手术切取有困难的病例。取材部位剪毛消毒，根据需要和皮肤大小选择合适孔径的钻孔器，左手固定皮肤，右手持钻孔器在取材部位一边旋转一边向下用力，当钻孔器穿透皮肤到达皮下组织时，取出钻孔器，用小镊子轻轻夹起标本边缘向上提起，用剪刀将标本从底部剪断，放入固定液中，缝合创口。

取材过程中，不要用镊子过分钳夹组织，以防破坏组织形态。在用钻孔取材时，要朝着一个方向旋转，不要左右来回旋转，以防造成组织不必要的损伤。固定好的皮肤应连同固定液一起送检至专业的病理学诊断机构。

6.5.3　Wood's 灯检查

Wood's 灯是一种用含氧化镍滤片而获得 340~400 nm 波长的紫外线灯，临床中广泛用于犬、猫犬小孢子菌感染的筛查。在暗室，用 Wood's 灯照射患病动物的脱毛、皮屑或皮损处，犬小孢子菌在生长代谢过程中利用了被毛中的色氨酸，其代谢产物在 Wood's 灯照射下可发出黄绿色的荧光（图 6-18），而其他石膏样小孢子菌和须毛癣菌等亲动物性真菌则很少见到或无荧光。所以，Wood's 灯检查仅作为部分真菌感染的筛查手段，而不能进行确诊。通过 Wood's 灯检查，拔取发荧光的毛发用于真菌培养，可增加真菌感染的检出率。

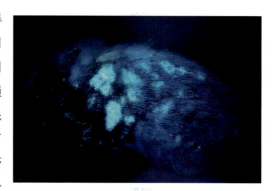

图 6-18　猫 Wood's 灯检查

6.5.4　皮肤真菌培养

诊断皮肤真菌感染时需要进行适当的真菌培养，具体培养方法详见本章 6.9.3。

6.5.5　皮肤细菌培养

某些细菌性皮肤病对常规抗生素表现耐药时，需要进行细菌培养和药敏试验，具体操作详见本章 6.9.2。

6.6　分泌物采集

动物在感染细菌、病毒或真菌等病原微生物后，会引发机体局部组织或全身性炎症反应，并以分泌物的形式排出体外。检测人员可根据检测目的，采集相应的分泌物用于显微镜下观察、细胞学检查、免疫学检查、微生物培养与鉴定、药敏试验、PCR 检测等，有助于疾病诊断和治疗。

6.6.1 眼、鼻、口、耳分泌物采集

准备好采样所需材料：无菌棉拭子、样品保存管（含保存液）、载玻片、盖玻片、染色液和现场检测试剂耗材等。

（1）眼分泌物采集　助手保定动物，将动物头部抬起，操作人员一手握住动物的下巴，一手持棉签蘸取动物内眼角和/或结膜囊内的分泌物，同样方法采集另外一侧眼分泌物。

（2）鼻分泌物采集　保定方法同眼分泌物采集，操作人员手持棉签伸入鼻腔内，旋转粘取鼻腔分泌物，同样方法采集另外一侧鼻腔分泌物。

（3）口腔分泌物采集　保定方法同眼分泌物采集，操作人员一手掀开动物上唇部，一手持棉签伸入口腔蘸取齿龈或舌头上的分泌物。

（4）耳道分泌物涂片　通常使用耳拭子采集耳道分泌物，耳部细胞学检查可用于耳痒螨、细菌和真菌等感染以及肿瘤与角质化障碍等耳部疾病的诊断。准备好所需材料：棉签、载玻片、酒精灯、Diff-Quik 染液、矿物油或 10%KOH，滴管和盖玻片。具体操作：用棉拭子在动物垂直耳道和水平耳道结合处采集样品，在载玻片上滚动棉签，并标记左右耳朵。若样品用于观察虫体，可在载玻片上滴加矿物油或 10%KOH，盖上盖玻片置于显微镜下进行观察；若样品用于细胞学检查，可将载玻片置于火焰上停留 2~3 s 热固定，进行 Diff-Quik 染色，置于显微镜下进行观察。注意，正常耳道分泌物通常不着色。

6.6.2 阴道分泌物采集

动物可站立、侧卧或俯卧保定，操作人员先用纸巾擦拭阴门，将无菌棉拭子沿阴门背侧向前缓慢进入阴道前庭直达阴道，左右旋转采集阴道分泌物后取出用于相应检测。对于中、大型犬，可以使用阴道扩张器插入阴道前庭后扩张阴道，再将棉拭子伸入阴道内采样，这样可避免阴道前庭上皮细胞的污染。

6.6.3 创口分泌物采集

皮肤浅表创口在采集分泌物之前，不要对创口进行消毒擦洗。使用无菌棉拭子直接擦拭病变部位，如果是脓疱或水疱，可以先用针头刺破后再采样。如果样品仅用于细胞学检查，则可直接用载玻片压片取样。如果创口处结痂或有鳞片，可用针头将痂皮或鳞片移除后再取样。

采集的分泌物如需当场化验，可以根据要求直接进行操作。如果样本需要送检，则应把样品置于保存管中，做好标记冷藏暂存，并在规定时间内送检。

6.7　体腔积液、关节液和脑脊液的采集

正常体腔、关节腔或其他解剖腔内均会有少量液体，当动物感染某些疾病时，可能会

在这些腔体内积聚大量液体,或液体性状发生改变,需要采集相应液体进行细胞学、生化或微生物学等分析。在采集积液前,采样人员应通过临床症状,结合动物 B 超或 X 线片等影像检查结果,了解液体积聚的情况。如有需要,采样时可在 B 超引导下进行。

6.7.1 胸腔穿刺

在胸腔穿刺前,必须通过影像学检查评估胸腔内积聚液体的情况。准备好样品采集所需物品:头皮针、三通管、注射器和样品保存管等,大型犬或积液较黏稠的动物,可使用较粗的针头或导管代替头皮针。具体操作:动物站立、俯卧或侧卧保定。如果动物呼吸困难,应给予吸氧。穿刺部位通常选择在第 6~8 肋间的近肋软骨结合部,对穿刺部位进行剃毛消毒,按照无菌手术要求进行穿刺前准备。首先连接头皮针、三通管和注射器,穿刺者手持针座,针头紧贴肋骨前缘穿过皮肤与肋间肌刺入胸腔。进入胸腔后,打开三通管,用注射器轻轻抽吸,一旦有液体流出即可确认。若无液体流出或无法抽动时,需向后轻拔针头并调整进针方向再次抽吸。

6.7.2 腹腔穿刺

准备好样品采集所需物品:头皮针、注射器和样品保存管等。具体操作:腹部穿刺时,动物应站立或侧卧保定,通常不需要镇定。腹中部剃毛消毒,将头皮针连接到注射器上,采样人员手持头皮针在脐后腹中线 1~2 cm 处缓慢刺入腹腔内。当头皮针进入腹腔后,助手用注射器轻轻抽吸,如果没有液体抽出,可将针头向外轻轻撤出一点,改变针头的方向或变化动物体位,防止针尖吸入某些黏附物,再次抽吸注射器,将采集到的液体进行相应分析。

6.7.3 关节腔穿刺

动物表现跛行、单个或多个关节肿胀或疼痛时,可通过关节穿刺采集关节滑膜液进行分析。根据动物体型大小和检测需求,准备好采样所需物品。具体操作:关节穿刺时,需严格限制动物活动,通常需要镇静和镇痛,如必要时可进行全身麻醉。局部剃毛消毒,按照无菌手术的要求进行穿刺前准备,穿刺者佩戴灭菌手套。助手握住动物肢体,按要求弯曲或伸展关节。穿刺者左手触摸关节,鉴别关节腔和关节界限,右手将针头刺入关节腔,轻轻抽吸。针座中出现一滴关节液后,立即停止抽吸,退出针头。将针头从注射器上拔下,注射器抽满空气,再次连接针头,将一滴滑膜液推至载玻片上,评价液体的颜色、透明度和黏稠性。在滑膜液上放置一张新的载玻片,向两侧拉开制成涂片,干燥后染色进行细胞学检查。

6.7.4 脑脊液穿刺

脑脊液是位于脑室和蛛网膜下腔的清亮无色的液体,采集脑脊液需要进行全身麻醉。犬、猫采集脑脊液最可靠的来源是小脑延髓池,脑池脑脊液反映了颅内疾病,腰部脑脊液反映了脊髓疾病。准备好采样所需物品：脊髓穿刺针和样品保存管等。具体操作：动物全身麻醉，侧卧保定，颈部背侧剃毛消毒，剃毛区域前至枕骨隆突前 2 cm，后至寰椎翼后 2 cm，剃毛区域按照无菌手术进行术前准备。助手站在采样者对侧，弯曲颈部，使头的中轴与脊柱垂直。采样者佩戴灭菌手套，左手触摸进针部位，右手持脊髓穿刺针，在背中线与两侧寰椎翼前缘连线的交界处进针。穿刺针穿透皮肤后，缓慢进入皮下组织，穿透不同的筋膜和肌肉层时阻力不同，在穿透背侧寰枕膜、硬膜和蛛网膜时，会有阻力突然消失或刺破的感觉。此时，左手拇指和食指握住并固定穿刺针，右手拔出针芯查看是否有脑脊液流出。如果没有液体出现，重新插入针芯，将针头向内插入 2~3 mm，再次确认有无脑脊液流出。观察到有脑脊液后，使液体直接从针头滴出，装入样品管中。采样结束后，不用放回针芯，直接退出针头，针头内的脑脊液可滴入另一个样品管中用于其他检测。如果在穿刺过程中遇到骨骼或刺破血管，则应退针，重新评估进针位置，更换一根新的灭菌穿刺针重新操作。根据动物体型大小，脑脊液的采集量为 0.5~3 mL，正常的脑脊液为清亮无色。

6.8　组织病理学检查

组织病理学检查是通过对送检病料制成组织切片，在显微镜下观察组织和细胞的病理变化，并据此对疾病进行鉴别和诊断。在临床诊疗工作中，为探明病因、指导治疗和判定预后，通常会从动物（活体或尸体）患病部位通过切取、钳取或穿刺等方式取出病变组织，进行组织病理学检查。石蜡切片是组织病理学中应用最广泛的制片技术，主要包括取材、固定、水洗、脱水与透明、浸蜡、包埋与修块、切片、展片与捞片、烤片与脱蜡、染色与封片。从取材固定到封片通常需要数日，但制成的切片标本可长期保存使用。

6.8.1　取材

病理组织块是制作组织切片的基础材料，取材的好坏直接影响切片的质量。准备好取材所需用的材料和工具：灭菌手术刀、手术剪、镊子或活检钳和固定液等。取材时应按照无菌手术操作的方法取样，取下来的组织块应立即投入固定液中。取材时应注意以下事项：

（1）取材所用的刀剪或活检工具要锋利　在切割组织时由前向后一次切开，不要来回用力，勿使组织块受挤压，尽量保持组织的自然形态与完整性，避免人为损伤。

（2）组织块大小适当　通常组织块的长、宽、厚以 1.5 cm×1 cm×0.4 cm 为宜，必要时可增大到 2 cm×1.5 cm×0.5 cm，便于固定液迅速浸透。

（3）取材要具有代表性　选择病变显著或可疑病灶。同一块组织中，应包括病灶及其周围正常组织，并包含器官的重要结构。例如，胃、肠应包括从浆膜到黏膜的各层组织；肾脏应包括皮质、髓质和肾盂；心脏应包括心房、心室及瓣膜；外周神经组织应有纵切及横切面的样本；较大而重要的病变可从病灶中心到外周分别取材，以反映病变各部位的形态学变化。

（4）切取的组织块应标记好样品信息　同一个病例如果有多种样品时，可分别置于不同的容器，或置于不同的样品分载盒并标记，避免混淆。特殊病灶要做适当标记，在切取组织块时，可将病变显著的部分切平，另一面切成非平面加以区分，方便后续操作。

6.8.2　固定

固定是为了防止组织细胞自溶与腐败，使细胞内的结构和成分不发生变化，保持组织细胞与活体相似的形态结构，固定后变硬的组织块也便于进一步处理。固定液的种类较多，不同的固定液各有特点，应根据不同的观察目的选择相应的固定液，以便正确保存其固有成分和结构。10%中性福尔马林溶液是最常用的固定液，其固定效果和对抗原的保护性均较好，适用于常规苏木精–伊红（HE）染色和免疫组织化学（IHC）染色等。除此以外，还有Carnoy、Bouin和Zenker等固定液，这些固定液各有特点，可以在取材前与病理学机构沟通，选用合适的固定液。固定液的量应为组织块体积的5~10倍，固定时间则根据组织块的大小和固定液的性质而稍有不同，通常为数小时至数天。时间过短，组织固定不充分，影响染色效果，使组织原有结构不清楚；固定时间过长或固定液浓度过高，则使组织收缩过硬，也影响切片染色质量。

若病理组织块需要送检，则应在取材前与送检机构沟通，根据要求取材并置于机构提供的装有固定液的容器中，标记样品信息，填写相应的送检单，按要求寄送即可。除寄送的病理组织块外，本单位还应保留一套病理组织块，以备必要时复查。

6.8.3　水洗、脱水与透明

（1）水洗　固定后的组织需用水彻底清洗，否则易导致脱片和着色不良等。例如，用福尔马林溶液固定，可在固定结束后用自来水冲洗12~24 h。

（2）脱水　标本经过固定和水洗后，组织中含有较多的水分，而含水组织与石蜡等包埋材料不相溶，须使用脱水剂将组织内的水分置换出来，便于透明剂浸入。最常用的脱水剂为乙醇，脱水时应从低到高以一定的浓度梯度来进行，一般从30%乙醇开始，依次经过50%、70%、80%、90%、100%乙醇。脱水必须充分，否则会影响透明和浸蜡效果。

（3）透明　组织块用乙醇脱水后，组织中的水分已基本被脱去，但组织内含有乙醇，乙醇与石蜡不相溶，须使用一种溶剂，该溶剂与乙醇和石蜡均相溶，方便石蜡浸入组织中，这一过程称为透明。常用的透明剂有二甲苯、三氯甲烷和水杨酸甲酯等。二甲苯无色透明，挥发性强，是一种良好的透明剂。透明时应严格控制时间，时间不足，组织内乙醇不能完全被置换，石蜡无法渗透到组织中去；时间过长，组织块变脆且易碎，难以保证组织结构的完整性。

6.8.4　浸蜡、包埋与修块

（1）浸蜡　组织透明后，在熔化的石蜡内浸渍的过程为浸蜡。浸蜡温度保持在54~

56 ℃，温度过高易破坏组织内抗原成分，温度过低则蜡液难以浸入组织内部。

（2）包埋　用包埋剂来支持组织的过程即为包埋，常用石蜡包埋法。将浸透蜡液的组织块切面朝下放入包埋器，摆好间距和方位，倒入蜡液，待石蜡冷却凝固即可。最后从包埋器中取出蜡块，标记好样品。

（3）修块　将已包埋好的蜡块，用刀片在距组织边缘0.1~0.2 cm处将小蜡块切成梯形，直至肉眼可观察到组织切面。

6.8.5　切片、展片与捞片

（1）切片　切片时先把切片刀固定在刀架上，再把蜡块夹在切片机上，注意刀口运行的方向应与组织切面平行。调整切片厚度，一般3~4 μm，转动切片机，将蜡块切成连续的蜡带。

（2）展片和捞片　用毛笔挑取完整的蜡片放入温水（40~45 ℃）中，用镊子轻轻将切片拉直、展平。将干净的载玻片竖直插入水中，选择完整、无皱褶的切片，粘贴于载玻片中1/3~下1/3，沥水取出，放在载玻片架上。

6.8.6　烤片与脱蜡

将载玻片放在烘箱内烘干，分别经二甲苯脱蜡，由高至低浓度梯度乙醇洗去二甲苯，并经蒸馏水水化。

6.8.7　染色与封片

6.8.7.1　染色

常用的染色方法是HE染色法。苏木精是一种碱性染料，可使组织中的嗜碱性物质染成蓝色，如细胞核中的染色质；伊红是一种酸性染料，可使组织中的嗜酸性物质染成红色，如多数细胞的胞质、核仁等，从而形成色彩鲜艳、结构清晰的组织图像。染色先将切片置于苏木精染液中5 min，自来水冲洗后，经稀盐酸分化，于流动水中充分冲洗返蓝，再用伊红染液染色2~3 min，流动水冲洗干净。

6.8.7.2　封片

染好的切片经由低至高浓度梯度乙醇脱水，二甲苯透明。封片时，于载玻片上加一滴中性树胶，将盖玻片一侧放置在胶滴旁，随后缓慢放下，需覆盖全部组织且无气泡。在载玻片一侧，注明组织切片的名称、染色方法和日期等信息，待封片完全凝固，即可置于显微镜下观察。

6.9　微生物学检验

微生物学检验的主要目的是鉴定病原微生物，用于疾病诊断和指导治疗。引起动物发病的病原体主要包括：细菌、真菌和病毒等。兽医临床实验室中，一般采用各种常规微生物学试验手段检验细菌和真菌，采用免疫学方法和分子生物学等方法鉴定病毒。多数动物医院会进行一些基本的检测，但涉及细菌分离培养、病毒分离鉴定和药敏试验等检测，可以将样品送至参考实验室等专业机构进行检验。

微生物实验室日常工作所接触到的微生物大多具有致病性，部分微生物还具有人畜共患传染性。因此，工作人员应严格遵守实验室制定的各项安全规章制度，并按照技术规范进行操作，做好生物安全防护。

6.9.1 细菌分离培养

6.9.1.1 细菌特性

细菌的个体非常小，大小介于 0.2~2.0 μm，需要在显微镜下通过染色才能被观察到。细菌形态各异，主要有球状、杆状和螺旋状三种，显微镜下可见细菌有多种排列方式，如单个、成对、成簇和链状等。细菌的结构包括基本结构和特殊结构，基本结构包括细胞壁、细胞膜、细胞质和核质；特殊结构是某些细菌所特有的机构，如荚膜、芽孢、鞭毛和菌毛等。根据细菌细胞壁结构的不同，可以使用革兰染色的方法加以鉴别，分为革兰阳性菌和革兰阴性菌。不同细菌对温度、营养、pH 值和氧分压的需求不同。因此，在对细菌进行分离培养时，应根据细菌的需求给予适宜的培养条件。

6.9.1.2 样品采集、保存与运输

微生物样品采集有多种方法，如抽吸、刮取和拭子蘸取等，具体方法应根据动物体的损伤部位和试验要求而定，微生物样品采集指南见表 6-7 所列。不同部位、不同性状的样品采集技术在本章 6.2~6.7 有详细介绍。采样时应注意以下问题：

①不论采取何种方法，采样时都要注意无菌操作，避免样品污染影响检测结果。

②做好样品标记，采集多个样品时最好独立存放，避免交叉污染。

③对于疑似人畜共患疾病时，如布鲁菌病、狂犬病等，应主动报告上级兽医主管部门，并谨慎采样，采样时要注意做好生物安全防护。

表 6-7 微生物样品采集指南

样　品	保存方式	运输要求
全血	抗凝管	冷藏输运
体表抽吸液、脑脊液、关节液、骨髓穿刺液、气管冲洗液、胸水、腹水、乳汁、精液等	灭菌管	冷藏输运
眼结膜拭子、口咽拭子、鼻腔拭子、直肠拭子、阴道拭子和体表拭子等	带培养基的转运拭子	冷藏输运
皮肤体表刮取物、粪便等	灭菌袋或灭菌管	冷藏输运
活检组织	装有生理盐水的灭菌管	冷藏输运

6.9.1.3 培养基种类

常用的细菌培养基根据用途可分为 6 种：转移培养基、普通培养基、营养培养基、选择培养基、鉴别培养基和增菌培养基。培养基的性能和用途见表 6-8 所列。

表 6-8 培养基的分类、性能和用途

培养基种类	性能	用途	备注
转移培养基	维持微生物的生命，但不促进其生长繁殖	多用于样品采集	—
普通培养基	含有一般微生物生长繁殖所需基本营养物质	可用于样品培养	—
营养培养基	在普通培养基基础上添加血液或其他营养物质	可用于增菌和鉴别	血琼脂培养基可观察到 4 种溶血
选择培养基	培养基中添加某些抗菌物质	用于从接种物中分离出特定种类的细菌	如麦康凯[a]和伊红美蓝[b]培养基
鉴别培养基	根据细菌的生化特性，在培养基中添加特定物质	用于细菌鉴别	各类生化鉴定管，如含尿素、三糖铁、枸橼酸盐、甘露醇等培养基
增菌培养基	液体培养基，含有促进特定细菌生长的营养物质，又含有抑制其他细菌生长的抑制物质	用于特定细菌的增殖	如亚硒酸盐肉汤、连四硫酸盐肉汤

注：a.麦康凯培养基内含胆盐、乳糖、结晶紫和中性红，胆盐能抑制革兰阳性菌的生长，发酵乳糖产酸的细菌可在培养基上形成粉红色菌落，不能发酵乳糖的细菌则形成无色菌落。

b.伊红美蓝培养基内含乳糖、伊红和美蓝，大肠杆菌分解乳糖产酸形成紫黑色菌落，并带有绿色金属光泽，沙门菌不分解乳糖而形成无色或琥珀色半透明菌落。

6.9.1.4 细菌鉴定程序

致病菌的分离鉴定需要一套系统的方法，临床实验室需制定鉴别临床常见菌的流程及试验方法。因为大多数革兰阳性菌和革兰阴性菌都能在血琼脂上生长，大多数革兰阴性菌可以在麦康凯培养基上生长，而革兰阳性菌则不能在麦康凯培养基上生长。所以，在分离临床样品时，通常同时在血琼脂和麦康凯琼脂上进行培养，然后对培养物进行观察，再进一步做其他试验。表 6-9 列出了兽医临床常见致病菌的鉴别特征。微生物样品检验的一般程序如下：

（1）采集样品　对样品进行革兰染色，初步判定细菌的形状和着色情况。

（2）接种培养基　培养 18~24 h，检查生长情况。

①如果无菌落生长，则继续培养，同时再次接种培养基，检查生长情况，如仍不生长，则记录为"不生长"。

②如果有菌落生长，则选择典型的菌落，革兰染色，继续进行各种鉴定程序（选用其

他培养基、生化试验等），根据检查结果判定细菌属种。

表 6-9 动物样品中常见的病原菌及培养特征

菌属	血琼脂培养特征	麦康凯培养特征	其他特征
革兰阳性			
葡萄球菌属	光滑、闪光、白色至黄色的菌落	不生长	触酶阳性，氧化酶阴性，发酵葡萄糖，多数凝固酶阳性，溶血
链球菌属	小的、有光泽的菌落；溶血	除了一些肠球菌，其余均不生长	触酶阴性，β溶血株更可能是致病菌；无乳链球菌 CAMP 试验阳性
化脓性隐秘杆菌属	小的、溶血的、似链球菌样菌落	不生长	触酶阴性；生长缓慢，常需要 48 h 才能产生可见的菌落；兼性厌氧
假结核棒状杆菌	生长缓慢的、不透明的、干燥、易碎的菌落；一般有溶血现象	不生长	触酶阳性，尿素酶弱阳性
肾棒状杆菌	小的、光滑的、有光泽的菌落（24 h）；之后变得不透明、干燥	不生长	触酶阳性；尿素酶阳性
马红球菌	小的、湿润的、白色菌落（24 h）；变大、粉红色菌落，不溶血	不生长	触酶阳性；不发酵糖类
单核细胞增生李斯特菌	小的、溶血的、有光泽的菌落	不生长	触酶阳性；25 ℃培养有运动性
猪丹毒丝菌	小的、圆形透明、灰白色、露珠样菌落（24 h）；狭窄 α 溶血	不生长	触酶阴性；硫化氢阳性
诺卡氏菌属	生长缓慢的、小的、干燥的、颗粒状、白色逐渐变为橙色的菌落	不生长	一部分抗酸；菌落与培养基紧密粘连
放线菌属	生长缓慢的、小的、圆形、乳白色粗糙菌落	不生长	需厌氧培养；不耐酸
梭菌属	形状各异、圆形的、边界不清楚的、不规则的菌落，常溶血	不生长	专性厌氧菌
芽孢杆菌属	形状各异的、大的、粗糙的、干燥的或黏液性的菌落	不生长	触酶阳性；带有内生孢子的大杆状
革兰阴性菌			
大肠杆菌	大的，灰色的，光滑黏液性菌落，溶血不定	亮粉红色至红色菌落，培养基红色浑浊	溶血性常常与毒力有关
变形杆菌	同心环样菌苔，迁徙生长，有溶血现象	无色菌落	无运动力，通过生化实验与肠道细菌（属）区分

（续）

菌属	血琼脂培养特征	麦康凯培养特征	其他特征
其他肠道菌	灰色至白色，光滑，黏液性菌落	无色菌落	鉴定需要用生化试验，沙门氏菌必要时可鉴定血清型
假单胞菌	不规则的，散在的，浅灰色菌落，溶血，可能呈现金属光泽	无色，不规则菌落	触酶阳性，氧化酶阳性，菌落有葡萄味，在培养基上可产生黄色至绿色可溶性色素
支气管败血性波（氏）菌	很小，圆形，露滴状菌落，溶血不定	蓝灰色菌落，周围有狭窄红色环，培养基着染琥珀色	可能需要 48 h 才能生成清晰可见的菌落，氧化酶阳性，尿素酶（24 h）阳性，柠檬酸盐试验阳性
犬布鲁菌	初次分离，生长缓慢，需5~10天，很小，圆形，针尖状菌落，不溶血	不生长	氧化酶阳性，触酶阳性，尿素酶阳性
摩拉克（氏）菌属	圆形，半透明的灰白色菌落，β 溶血	不生长	氧化酶阳性，触酶阳性，能液化凝固血清，血平板菌落产生陷窝
溶血性曼氏杆菌	光滑、半透明菌落，β 溶血	生长缓慢	氧化酶阳性，发酵甘露醇，不发酵甘露糖
多杀性巴氏杆菌	水滴样小菌落，不溶血	不生长	氧化酶阳性，触酶阳性

引自：Margi Sirois, *Laboratory Procedures for Veterinary Technicians*, 7th edition, 2019.

6.9.1.5 细菌接种、培养与染色

（1）细菌接种与培养 在琼脂平板上划线培养的最好方法是"四分之一"划线培养法：用灭菌接种环先将标本涂布在平板第一区并做数次划线，再在二、三、四区依次用接种环划线；每划一个区域，应将接种环烧灼一次，待冷却后再划下一区域。每一区域的划线只能接触上一区域的接种线一次，以便形成单个菌落（图6-19）；划线完毕，将平板加盖，倒置（琼脂平板的底部向上）在培养箱中培养。有些病原菌生长需要厌氧环境，可以使用厌氧培养袋，袋内可放置厌氧产气包或微需氧产气包来制造厌氧或微需氧环境。参考实验室可能会有二氧化碳细菌培养箱，可自动检测温、湿度、二氧化碳和氧气的水平。

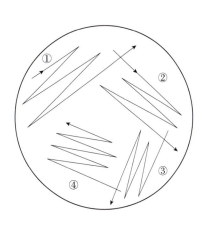

图6-19 "四分之一"划线接种法示意

（2）革兰染色 革兰染色是根据细菌细胞壁的结构对细菌进行分类，将细菌分为革兰阳性细菌或革兰阴性细菌，在染色时，可选购商品化的革兰染色液。

①涂片：首先在载玻片上滴一滴蒸馏水，用烧灼过的接种环挑取单个菌落，置载玻片的水滴中，混合并涂抹均匀。

②固定：将载玻片在火焰上方快速通过1~2次，以载玻片的加热面接触手背皮肤，不觉过烫为佳，待冷却后重复以上操作直到薄层干燥。

③染色：在干燥好的载玻片上滴加草酸铵结晶紫染液，染色1 min，然后用自来水轻轻冲洗染液，注意水流不要直接冲洗薄层。

④媒染：滴加碘液，作用1 min后用自来水冲洗，注意水流不要直接冲洗薄层，用滤纸吸干多余水分。

⑤脱色：用95%乙醇脱色10~30 s，至载玻片上紫色全部脱去（注意不要脱色过度），水洗后用滤纸吸干。

⑥复染：滴加沙黄或复红染色，染色10~30 s后，用自来水冲洗。

⑦观察：干燥后，用油镜镜检观察，并做好记录。

⑧结果判读：革兰阳性菌的细胞壁较厚，含有肽聚糖而不容易被乙醇脱色，细胞内有结晶紫–碘复合物而呈紫色；革兰阴性菌细胞壁薄，含有脂多糖，被乙醇脱色后，又被碱性品红或沙黄复染成红色。

6.9.2 药敏试验

当从动物体内分离到某种细菌时，最好进行药敏试验以筛选到敏感的药物用于临床治疗。纸片琼脂扩散法（Kirby-Bauer法）是进行抗生素药敏试验最常采用的一种方法，通过测量抑菌圈的大小来评价细菌对药物的敏感性。其基本原理是将含有定量抗菌药物的纸片贴在已接种待检菌的琼脂平板上，纸片吸取琼脂中的水分溶解药物并向纸片周围区域扩散，形成递减的梯度浓度，在纸片周围（抑菌浓度范围内）待检菌的生长被抑制，从而产生透明的抑菌圈。抑菌圈的大小反映检测菌对测定药物的敏感程度，并与该药对待检菌的最低抑菌浓度（MIC）呈负相关，即抑菌圈越大，MIC越小。具体操作方法如下：

①挑取培养18~24 h纯培养菌落4~5个，接种于3~5 mL MH（Mueller-Hinton）肉汤培养基中，37 ℃培养6~8 h。

②调整菌液浓度至0.5麦氏单位，含菌量1×10^8~2×10^8 CFU/mL。

③用无菌棉拭子蘸取校正过的菌液，在试管壁上挤压几次，除去多余菌液，涂布整个MH琼脂平板表面，再重复两次，每次旋转平板60°，使整个平板涂布均匀，最后用棉拭子涂布平板四周边缘。

④涂布菌液的平板于室温干燥3~5 min后，用纸片分配器或无菌镊子取药敏纸片，贴于平板表面，并用镊尖轻压纸片，使其贴平。每张纸片的间距不小于24 mm，纸片的中心距平板的边缘不小于15 mm，90 mm直径的平板宜贴6张药敏纸片。贴完纸片后，15 min内将平板反转。

⑤将贴好纸片的平板置37 ℃孵育18~24 h后，用卡尺量取抑菌圈直径。个别菌孵育温度、时间及条件应按照临床和实验室标准协会（Clinical and Laboratory Standard

Institute，CLSI）规定。

⑥结果判断根据 CLSI M100 最新标准将所测抑菌圈的大小报告为敏感（S）、中介/中敏（I）或耐药（R）。

6.9.3 真菌采集培养

6.9.3.1 真菌特性

真菌与细菌的大小、形态、结构及化学组成差异很大。真菌有完整的细胞结构，形态多样，主要有单细胞和多细胞两种。单细胞真菌呈圆形或椭圆形，以出芽方式繁殖，如白色念珠菌、新生隐球菌和马拉色菌等；多细胞真菌结构由菌丝和孢子两部分组成，分有性繁殖和无性繁殖两种方式。有些真菌的形态因环境条件的改变而改变，称为真菌的双相性，如荚膜组织胞浆菌在动物机体呈酵母菌样，而在人工培养基上呈丝状。

6.9.3.2 样本采集

真菌样品的采集所需样品和材料与细菌的要求基本相同，可参考本章 6.9.1.2。

6.9.3.3 真菌培养

真菌培养主要分为皮肤真菌培养和非皮肤真菌培养。

（1）皮肤真菌培养　常采用皮肤癣菌鉴别琼脂培养基（DTM），皮肤癣菌优先利用培养基中的蛋白质肽类产碱，pH 值升高，在酚红的指示下变红。可以使用皮屑刮取或拔毛的方法采集样品，采样时可先用 Wood's 灯照射协助采样，断裂的和干燥的皮屑含有活的病原体的可能性最大。将采集的样品植入培养基中，室温培养，每天观察生长情况。待菌落生长出来或培养基颜色变红后，可以用醋酸胶带黏取少量菌落，把胶带黏性面朝下放在滴有 Diff-Quik Ⅱ 染液的载玻片上，置于显微镜下进行观察。

（2）非皮肤真菌培养　通常使用血琼脂或沙氏葡萄糖琼脂培养基（SDA）。非皮肤真菌培养的样品可能是分泌物、脓液、组织液或组织块等，可采取与细菌分离培养类似的方法。用接种环取样，采取划线的方式接种在分离培养基上，37 ℃培养数天至数周。如果怀疑为双相型真菌，可同时多接种一份置于室温下培养。待有菌落长出后，可取菌落染色镜检。

6.9.4 病毒学检测

6.9.4.1 病毒分离与培养

病毒与细菌不同，不能在营养琼脂上生长，只能在活的细胞中生长和复制。所以，病毒的分离和形态学鉴定，需要在专业的实验室进行，由于病毒在体外存活的时间不定，在采样前应与送检机构联系，确定样品采集方法和运输要求。

6.9.4.2 病毒学检测方法

病毒学常用的检测方法有血清学检测、胶体金免疫层析技术、电镜技术、免疫荧光技术、分子生物学技术等。其中，胶体金免疫层析技术具有操作简单、使用方便、成本低廉、

犬细小病毒胶体金免疫层析检测

稳定性好等特点，被广泛用于临床诊断。目前，市场上已有多种针对动物疾病检测的商品化检测试剂盒，具体操作可以参照试剂盒操作说明，在动物医院直接检测并判定结果。

血清学检测主要是检验血液中针对特定病原体的抗体的检测方法，常采用酶联免疫吸附试验（ELISA）。由于检测需要购买相应的检测试剂盒、耗材和设备，通常委托专业的检测机构来完成。免疫荧光技术和电镜技术常用于病毒分离与鉴定，需要特殊的试剂、操作相对烦琐、设备昂贵，如果有鉴定需要，可以委托专业的检测机构。

PCR是一种用于放大扩增特定的DNA片段的分子生物学技术，具有快速、灵敏、高效和特异等特点，近年来，被广泛应用于遗传病诊断、病原体检查、繁殖育种检测等，兽医临床上主要用于某些病毒、寄生虫、细菌和真菌等病原的特异性检测。在普通PCR反应体系的基础上加入荧光标记探针或相应的荧光染料，可实现实时定量检测。目前已开发出针对多种病原检测的商品化试剂盒，部分试剂盒采用冷冻干燥技术将预混合好的PCR体系冻干，大大简化了操作流程，在综合性动物医院或专业检测机构均可完成本项检测。如果需要进行PCR相关检测，应提前与送检机构联系，确定样品采集、保存和运输方法后再采样。

6.10　动物剖检

对死亡或患病的动物进行剖检，可以与临床诊断和治疗的准确性相互验证，有助于总结经验，提高诊疗，长期积累的尸体剖检资料可为各种疾病的研究提供重要的数据。此外，动物剖检是最为客观和迅速的诊断方法之一，尤其对于一些群发性疾病（如传染病、寄生虫病和中毒病），可以通过尸体剖检观察到特征性病变，以便采取有效的防治措施。

6.10.1　常用剖检器具

剖检常用的解剖器械包括：解剖刀、剪刀、镊子、骨钳、骨锯、量尺、注射器和量筒等；采样用棉拭子、灭菌管、培养基平板和10%福尔马林溶液，以及常用消毒剂等（图6-20）。

6.10.2　剖检防护

动物剖检，特别是对于疑似传染病尸体的剖检，应在专门的剖检室进行，以便于彻底消毒。剖检人员在进行尸体剖检时须穿工作服或防护服，戴乳胶手套和口罩，必要时还应佩戴护目镜。

图6-20　剖检常用的器具

剖检后的解剖器械、衣物等须先经高压灭菌后再进行清洗和处理，剖检后的尸体应进行无害化处理。

6.10.3 剖检步骤

为了全面系统地了解尸体所呈现的病理变化，剖检应按照一定的方法和顺序进行。常规的剖检顺序一般是先体表再体内，内部检查一般按照腹腔、胸腔、颅腔等的顺序进行。

6.10.3.1 体表检查

（1）尸体状况　包括性别、品种、毛色、营养状况、体态等。

（2）皮肤情况　检查被毛的光泽度，有无脱毛、体外寄生虫；皮肤的厚度、弹性，有无溃烂、外伤、肿胀、结节或硬块等；有无皮下水肿或皮下气肿；皮肤有无水泡或脓疱；体表淋巴结大小和硬度。

（3）天然孔检查　主要检查眼、口、鼻、肛门及外生殖器。检查有无眼分泌物及分泌物的性质；眼结膜色泽，有无肿胀；角膜有无浑浊、溃疡、穿孔等；眼球是否下陷。检查口腔黏膜的色泽及有无外伤、溃疡；齿龈有无出血点；有无舌苔，舌黏膜有无溃疡，舌质地有无改变。检查咽喉黏膜的色泽；扁桃体有无肿大、坏死；咽及咽与食管交界处有无异物。鼻端是否粗糙、角化；鼻腔内有无浆液性、黏液性、脓性分泌物或出血。肛门周围有无粪便污染，肛门腺是否肿大等。

（4）尸体变化检查　检查尸体是否发生尸僵、尸斑、尸体自溶和尸体腐败、血液是否凝固等，有助于判定死亡时间，并与病理变化相区别。

6.10.3.2 内部检查

（1）皮下检查　皮下检查时需剥皮，剥皮过程中注意皮下有无出血、坏死、水肿和脓肿等，并注意观察皮下脂肪的颜色和性状等。

（2）腹腔检查　犬、猫剖检常取仰卧位，先切断肩胛骨内侧和髋关节周围肌肉，使四肢摊开，然后沿腹中线切开腹壁，再沿左右最后肋骨纵切腹侧壁至脊柱部，暴露全部腹腔脏器。首先对腹腔脏器进行视诊：腹腔有无异物、有无腹腔积液以及数量和性状、腹膜性状、腹腔脏器的位置有无异常、外形有无变化等。检查横膈膜有无病变后，在膈处切断食管，在骨盆腔结扎切断直肠，将胃、肠、肝脏、胰脏和脾脏等取出，详细观察脏器有无明显出血、坏死、斑点等情况。

（3）胸腔检查　用刀或骨剪切断肋软骨和胸骨连接部，切断脊柱左右两侧的肋骨与胸椎连接部的胸膜和肌肉，双手伸入胸腔向外侧掰两侧胸壁肋骨，暴露胸腔，检查有无胸腔积液以及量和性状、胸腔有无异物、胸膜的性状，将心脏、肺脏一起取出观察。剥去下颌部和颈部皮肤后，用刀切断两下颌支内侧和舌连接的肌肉，将舌牵出，剪短舌骨，将舌、咽喉和气管一并取出，纵向剪开食管，检查食管有无病理性扩张或狭窄，胸腔食管有无异物等。

（4）骨盆腔器官检查　视诊骨盆腔器官位置、形态有无异常。公畜检查直肠、膀胱、尿道、包皮、尿道黏膜、睾丸、附睾、输精管、前列腺、精囊腺和尿道球腺；母畜检查直肠、膀胱、尿道、阴道、子宫、输卵管、卵巢及相应淋巴结状态。

（5）脑部检查　打开颅腔，检查硬脑膜和软脑膜有无充血、淤血和出血；切开大脑，查看脉络丛的性状和脑室有无积水；横切脑组织，查看切面有无出血或坏死。

（6）脊髓检查　剖开脊柱取出脊髓，打开各段椎管，检查脊髓硬膜有无充血、出血、胶样浸润；剪开硬膜，查看硬膜下腔有无出血及纤维素性渗出物；颈、胸、腰段椎间盘是否向椎管内突出。

（7）肌肉、关节和骨骼检查　观察肌肉表面及切面有无出血、水肿或炎症等病变；检查骨骼肌的色泽、硬度，有无变性、结节、脓肿及萎缩；如怀疑有关节疾病时切开关节囊，检查关节滑液的量和性质以及关节面滑膜的情况；观察骨端和骨干状态以及红骨髓与黄骨髓的分布，同时注意骨密质与骨疏质的状态。

以上各内脏器官、组织在做大体检查的同时，应分别取带有病变的组织，放入10%福尔马林溶液或其他固定液中，用于组织病理学检查。

6.10.4　注意事项

（1）尸体剖检记录　剖检记录是动物剖检的重要内容，也是临床诊断的重要依据，剖检过程中观察到的各种病理变化应及时记录，且记录要详细，避免遗漏，剖检记录表可参考表6-10。剖检记录必须包括三个方面：

表6-10　动物尸体剖检记录表

畜主姓名		联系方式		地址		
动物名字		动物种类		性别		
年龄		毛色		品种		
发病时间		死亡时间		动物营养状况		
剖检地点			剖检时间	年	月	日
主检人		助检人		记录员		
临床诊断						

临床摘要（包括主诉、病史摘要、发病经过、主要症状、治疗经过、流行病学等情况）

剖检病理变化（包括外部检查、内部检查和各器官的检查）

①病例登记：包括畜主姓名、单位、地址、联系电话、病例编号、性别、年龄、品种、送检日期和送检人等信息。

②临床病史：记录动物发病情况、饲养管理和免疫情况、临床化验结果、诊断和治疗情况等。

③剖检病变：即剖检过程中所检查到的所有病变，描述应客观、准确。对于剖检无变化的组织器官，通常采用"无肉眼可见变化"或"未见异常"等词汇描述。

（2）剖检时间　患病动物死后应尽快进行剖检，长时间放置，体内的病变可能会因微生物的增殖而发生改变，影响剖检结果。

（3）病变取样　切取脏器时应使用锋利的刀或剪，避免出现挤压或拉锯式切开，否则会影响组织器官的正常结构。

在全面收集完整剖检资料后，结合生前临床表现及其他有关资料进行分析，找出各病变之间的内在联系，病变与临床症状之间的关系，再汇总实验室检验结果和初步诊断后采取措施的效果反馈，经综合判断得出最准确的结论，阐明患病动物发病和死亡原因，验证初诊的准确性或对初步诊断加以修正，并提出防治建议。

第 7 章 影像室

影像学检查是动物临床诊疗重要的检查方法。动物医院常规的影像学检查包括：B 超检查、X 线检查、CT 检查和 MRI 检查等。这些技术的应用，为动物疾病的诊疗提供可靠保障。熟悉和掌握常用影像技术诊断方法，是动物医院实践训练的重要组成部分。

【实训目的】

（1）了解 B 超检查原理，掌握腹部和胸部常见部位的 B 超检查方法和影像学特征。
（2）了解 X 线检查原理，掌握常见部位的 X 线检查方法和影像学特征。
（3）了解 CT 检查原理，掌握常见部位的 CT 检查方法和影像学特征。
（4）了解 MRI 检查原理，掌握常见部位的 MRI 检查方法和影像学特征。

【实训内容】

7.1　B 超检查

7.1.1　B 超检查简述

B 型超声诊断是将回声信号以光点明暗，即以灰阶的形式显示出来。光点的强弱反映回声界面反射和衰减超声的强弱。这些光点、光线和光面构成了被探测部位二维断层图像，称为声像图。由于不同的组织和细胞之间的声阻抗存在差异，故形成不同强度的回声。超声扫查通常采取纵向和横向两种方式进行综合评估。兽用超声诊断仪的种类较多，主要由主机、探头、信号显示器和记录系统等组成。现在兽医临床常用的超声探头主要有线阵探头、凸阵探头和心脏探头等（图 7-1）。

探头频率的选择主要根据探测动物的大小、检测部位的深浅和临床实

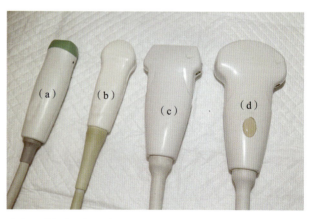

（a）心脏探头　（b）小微凸探头　（c）线阵探头　（d）凸阵探头
图 7-1　常用超声探头

践经验来决定。对于 B 超的初学者，可以参考以下进行选择：小型动物（小于 10 kg）和猫，可选用 7.5 MHz 或 10.0 MHz 探头；中型犬可选用 5.0 MHz 探头；大型犬可选用 3.5 MHz。同时根据检测部位和目标深浅，及时转换探头频率。探查浅表的组织或病灶时，应选用高频探头；探测深部位的组织或病灶时，应在保证探测深度的情况下，尽可能选用高频探头。

动物准备：由于动物体表被毛较多，空气、毛发或者污物容易影响超声的传播，导致成像质量下降，故应进行动物检查部位的准备。去除检查部位的被毛、污物和可见油脂（图 7-2），准备超声耦合剂。对于暴躁的动物应进行适当的物理保定或化学保定，以保证检查的顺利进行。

7.1.2 腹部 B 超检查

小动物腹部 B 超检查是动物医院的常规检查，主要包括肝脏和胆囊、脾脏、胰腺、肾脏、肾上腺、膀胱与尿道、前列腺、子宫和胃肠等重要脏器。

7.1.2.1 肝脏和胆囊的 B 超检查

（1）扫查部位和方法　犬、猫扫查部位一般在剑状软骨突后方或右侧第 10~12 肋间，常采用仰卧位或者侧卧位方式保定动物。小型犬、猫多以仰卧位，在剑状软骨突后方进行纵向/横向扫查。

（2）肝脏和胆囊的声像图特点　犬和猫的肝脏由左叶（外叶和内叶）、右叶（外叶和内叶）、方叶和尾叶组成。正常情况下，各个肝叶不易区分，但当存在腹腔积液时，超声扫查容易区分各个肝叶。

正常肝脏实质为均匀分布的中等微细回声，包膜回声强而平滑。肝内管道结构呈树枝状分布。肝内门静脉壁回声较强，肝静脉及其一级分支管壁薄、回声弱。肝内胆管与门静脉并行，管径较细。肝内动脉一般难以显示。

正常胆囊的纵切面呈梨形或长茄形，边缘轮廓清晰，胆囊壁呈光滑的强回声。囊内为无回声区，后壁和后方回声增强。横切面上，胆囊显示为圆形无回声区。由于膈肌形成的声学界面，常可见镜像伪影（图 7-3）。

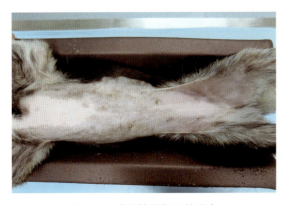

图 7-2　动物检查部位的准备

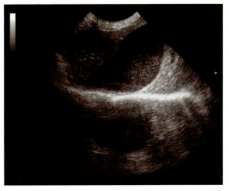

图 7-3　犬肝脏和胆囊扫查声像

7.1.2.2 脾脏的B超检查

（1）扫查部位和方法　犬、猫一般仰卧保定，扫查部位在左侧最后肋弓及肷部，由于脾脏离体表较近，故可选用高频探头，如5~10 MHz，可选择从尾侧向头侧或者头侧向尾侧，以此横向/纵向扫查。

（2）脾脏的声像图特点　犬和猫的脾脏长而狭窄，脾头侧稍宽。

正常脾脏实质呈均匀中等回声，其回声强度高于肝脏，光点细密。脾包膜呈光滑的强回声带状（图7-4）。外侧缘呈弧形，内侧缘凹陷，为脾门，可见脾静脉、脾动脉呈无回声管状结构。

7.1.2.3 胃肠的B超检查

（1）扫查部位和方法　犬、猫一般仰卧保定，也可根据病情采用左侧位、右侧位或者站立位进行扫查。非紧急状况，可禁食12 h。胃肠的扫查可依据其解剖位置，依次扫查。小动物的扫查一般选择高频探头，如8 MHz或更高频率的凸阵或线阵探头，并通过横扫/纵扫评估胃肠的厚度、蠕动情况及可疑病灶。

（2）胃肠的声像图特点　胃扫查从左侧平行于犬长轴，横向扫查胃的横断面，并向右侧移动至幽门部，然后转90°，纵向扫查胃，评估胃壁与内容物。胃内充满气体时，仅可见近探头侧胃壁；如果胃内充满液体，可见前后胃壁，并可见胃内呈液性暗区，伴有点状强回声；胃壁呈3~5层可分辨的回声结构，胃内容物不同，胃皱襞的声像图稍有差异，常呈菜花样（图7-5）。同时，超声扫查可评估胃的蠕动，一般犬胃蠕动的频率为4~5次/min。

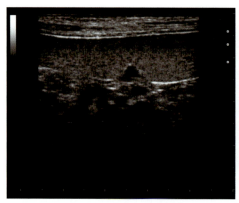 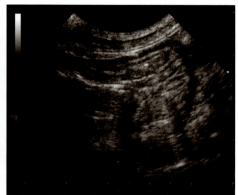

图7-4　犬脾脏扫查声像　　　　　图7-5　犬胃扫查声像

降十二指肠是犬小肠中最粗的肠段，沿右侧腹壁下行，之后为空肠、回肠和结肠。正常情况下，肠壁可见五层回声结构（图7-6），从肠腔外向内依次为强回声（浆膜面）、低回声（肌层）、强回声（黏膜下层）、低回声（黏膜层）和强回声（肠腔内容物与黏膜层交界处）。通过超声扫查，可明确胃肠壁的厚度，表7-1列出了犬、猫正常胃肠壁的厚度。正常情况下，犬空肠和回肠的蠕动频率为1~3次/min。

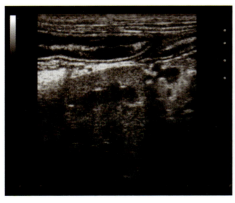 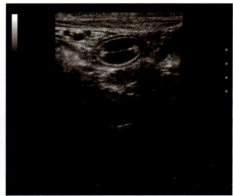

| （a）横切面 | （b）纵切面 |

图 7-6　犬十二指肠扫查声像

表 7-1　犬、猫正常胃肠壁的厚度均值　　　　　　　　　　　　　　mm

动物		胃	十二指肠	空肠	回肠	盲肠/结肠
犬	<15 kg	2~5	3.8	3.0	3.0	1.5
	15~30 kg	2~5	4.1	3.5	3.5	1.5
	>30 kg	2~5	4.4	3.8	3.8	1.5
猫		2~4	2.2	2.2	2.8	1.5

引自：Dominique Penninck, *Atlas of Small Animal Ultrasonography*, 2nd edition, 2015.

7.1.2.4　肾脏的 B 超检查

（1）扫查部位和方法　犬、猫一般仰卧保定，也可采用左侧位或者右侧位进行侧腹扫查。犬、猫肾呈蚕豆形，表面光滑，被覆脂肪囊。左侧肾脏游离相对容易扫查，右侧肾脏尤其在深胸犬，由于位置靠前背侧，故常采用右腹侧肋弓下通路进行扫查，部分犬需要在第 11~12 肋间进行扫查。犬、猫肾脏深度不一，一般猫和小型犬可选用 7.5 MHz 高频探头，大型犬可选用 5 MHz 或更低的低频探头。

（2）肾脏的声像图特点　肾脏包膜周边回声强而平滑。犬肾皮质回声高于肝脏，髓质呈低回声或等回声于肝脏（图 7-7）。猫肾皮质常由于脂肪的浸润而回声增强，髓质呈低回声；弓形动脉在皮髓质的交界处，呈强回声平行的线状，偶尔会形成声影，通过多普勒血流超声，可以与矿物质沉积相鉴别。正常犬、猫的肾盂呈低回声，在横断面上，其宽度一般不超过 2 mm，但其周围被肾窦包裹，内含脂肪，常呈强回声。在正常犬、猫一般不易扫查到输尿管。

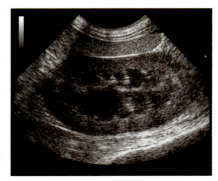

图 7-7　犬肾脏矢状面扫查声像

7.1.2.5 膀胱和尿道的 B 超检查

（1）扫查部位和方法　犬、猫一般仰卧保定，进行侧腹扫查。动物膀胱一般呈梨形，其大小、性状和位置随膀胱的充盈程度不同而稍有变化。特殊情况下，也可采取侧位或者站立位进行扫查。一般采用 7.5 MHz 探头，其扫查范围根据膀胱的充盈程度，从耻骨前缘至脐孔，在下泌尿道阻塞疾病，严重者可达剑状软骨突。

尿道扫查可在膀胱扫查后，直接向尾侧骨盆腔入口处扫查，雄性可见前列腺部或者前列腺尾侧尿道。阴茎部的尿道需选用 7.5 MHz 或更高频探头，适当时候可采用增距垫（增距垫由柔软的聚氯乙烯制成，质地与凝胶相似，可增加探头与皮肤和其他浅表结构之间的距离）。由于骨盆腔周围骨骼的影响，雄犬和雌犬骨盆腔内的尿道不易通过超声观察。

（2）膀胱和尿道的声像图特点　正常膀胱内充满尿液时，纵向扫查，呈无回声的液性暗区，切面呈梨形，横切面呈圆形；膀胱壁呈强回声，轮廓完整，边界清晰，平滑（图 7-8）。膀胱的超声检查，基本不会见到如胃肠壁样的五层结构，但一般可见黏膜侧的强回声，肌层的低回声和浆膜面的强回声，其厚度会随着膀胱充盈程度的增加而减小。

正常的尿道进行扫查，需要借助周围组织进行鉴别，如尿道海绵体肌、前列腺等；当尿道出现阻塞，阻塞的近端尿道膨胀，可见明显的低回声或者无回声区（图 7-9），呈管状，其管壁结构一般不易区分。

7.1.2.6 肾上腺的 B 超检查

（1）扫查部位和方法　肾上腺是腹腔内重要的内分泌器官，位于同侧肾脏头极内侧，左右分别与主动脉和后腔静脉相邻。扫查可采取仰卧位，在腹中部肋弓后腰椎水平或者右侧最后肋间扫查。超声探查时多采用 5.0 或 7.5 MHz 高频率探头，以肾脏头极、腹主动脉和后腔静脉作为定位标志。

（2）肾上腺的声像图特点　正常肾上腺扫查，相对周围脂肪其呈低回声，边界清晰。

图 7-8　犬膀胱扫查声像

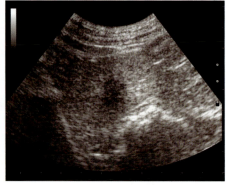

图 7-9　犬前列腺部尿道扫查声像

肾上腺皮质呈低回声，髓质回声增强，腺体周围的强回声由周围脂肪形成（图7-10）。犬的左肾上腺分两叶，呈花生样或哑铃样，右肾上腺则呈楔形或V形。研究表明，犬的肾上腺大小变化较大，左肾上腺宽3~16 mm，长10~55 mm；右肾上腺宽3~14 mm，长10~39 mm。猫的肾上腺超声扫查呈卵圆形，均匀的低回声，宽3.5~4.5 mm，长10~11 mm。

7.1.2.7 雌性动物生殖系统的B超检查

雌性动物生殖系统的超声检查，主要检查卵巢和子宫，正常输卵管一般无法观察到。通常，雌性动物的超声检查主要用于判定妊娠与否、评估胎儿发育与活力、阴道分泌物是否异常或是否出现激素紊乱等症状的鉴别诊断。

（1）扫查部位和方法　犬、猫一般仰卧保定进行扫查。卵巢扫查也可采用侧卧保定进行侧腹扫查。一般采用7.5或10 MHz探头进行扫查。

（2）卵巢和子宫的声像图特点　卵巢位于肾脏后极的后外侧，故可以肾脏作为参照。根据发情周期的不同，犬、猫卵巢的大小不一。一般犬的卵巢直径为10~20 mm，猫的卵巢直径小于10 mm。与周围组织相比，在不动情期，卵巢呈均匀的中低回声，呈类圆形。在发情前期和发情期，卵巢内的卵泡呈无回声暗区，不超过卵巢边缘（图7-11）；排卵后，黄体迅速形成，卵巢体积增加，卵巢表面不规则，黄体呈低回声。发情间期卵巢内可见若干小的圆形低回声黄体，妊娠期黄体则较大。

犬、猫在未怀孕时，子宫一般不易扫查，在腹腔后部即膀胱和降结肠之间扫查时，常可见一管状结构，即为子宫，其大小与动物体重、是否经产和发情周期有关。其声像图缺少胃肠可见的壁层结构，通常呈中低回声。

当犬、猫妊娠后，超声可有效地监控胚胎和胎儿发育情况。一般犬妊娠期约65天，猫妊娠期约61天。犬胚胎常在23~25天可超声识别，猫胚胎在16~18天可识别。不同孕龄犬、猫子宫超声扫查声像图特点见表7-2所列。

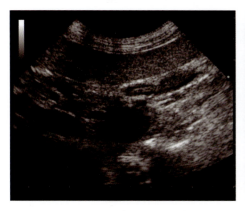

图7-10　犬左肾上腺扫查声像

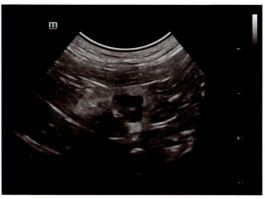

图7-11　犬卵巢超声扫查声像

表 7-2 犬、猫不同孕龄超声检查特征

声像图特征	犬（促黄体生成素峰值后天数）/天	猫（配种后天数）/天
孕囊	20	10
子宫壁的胎盘层	22~24	15~17
胚胎和心跳	23~25	16~18
胎儿游动	34~36	30~34
骨骼	33~39	30~33
膀胱和胃	35~39	29~32
肝脏（低回声）和肺（高回声）	38~42	29~32

引自：Dominique Penninck, *Atlas of Small Animal Ultrasonography*, 2nd edition, 2015.

7.1.2.8 雄性动物生殖系统的 B 超检查

雄性动物的超声检查主要用于前列腺和睾丸等的扫查以及与此相关的临床指征检查，该检查主要用于犬。

（1）扫查部位 前列腺扫查时，犬一般仰卧保定，通过耻骨前缘向骨盆腔内进行横向/纵向的扇形扫查。5.0 MHz 探头可扫查前列腺的整体状况，7.0 或 10 MHz 探头则能扫查到更多的脏器细节。睾丸的扫查一般选用不低于 7.5 MHz 高频探头，线阵探头能扫查到比凸阵探头更好的影像信息，也可采用增距垫，提高诊断准确性。

（2）前列腺和睾丸的声像图特点 正常前列腺的位置、大小和形状与犬的年龄、疾病和是否去势有关。未去势的犬，前列腺扫查呈均匀的中等回声，边缘光滑。矢状面扫查，呈圆形至卵圆形（图 7-12）；横切面扫查，前列腺呈对称的双叶型，前列腺尿道及周边尿道肌呈低回声。随着动物年龄增加，前列腺体积增大，回声增强。去势犬，前列腺萎缩，呈均匀的低回声，双叶不明显。

正常犬、猫的睾丸呈中等回声，回声质地细、均匀。边界以薄、光滑、高回声为特征。矢状面扫查，其中心呈强回声的线状，为睾丸纵隔；横切面扫查，睾丸纵隔呈强回声点状或线状（图 7-13）。

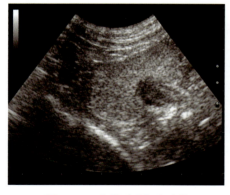

图 7-12 犬前列腺扫查声像

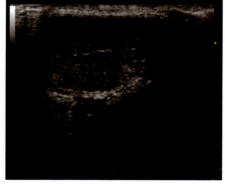

图 7-13 犬睾丸扫查声像

7.1.2.9 胰腺的B超检查

（1）扫查部位和方法　犬的胰腺分为左右两支，分别位于胃大弯的尾侧，紧邻降十二指肠。一般采取仰卧保定，以右侧肾脏和降十二指肠为标志，对胰腺右支进行解剖位置扫查。胰腺左支，由于受到胃和横结肠内气体或内容物的干扰，相对不易扫查。禁食12 h有助于胰腺的扫查，推荐采用高频探头（8 MHz及以上）评价胰腺，尤其是猫和小型犬的扫查。

（2）胰腺的声像图特点　正常胰腺超声扫查呈均质的中等回声，稍高于肝脏（图7-14）。胰腺右叶可见胰十二指肠静脉汇入胃十二指肠静脉和门静脉。正常犬、猫胰腺和胰腺导管的测量值见表7-3所列。同时，研究发现，随着动物体重的增加，胰腺和导管的数值有所变化。猫的胰腺左右支后1/3向头侧反转，呈勾状，中等回声，稍高于邻近的肝脏，与周边的网膜脂肪回声类似。

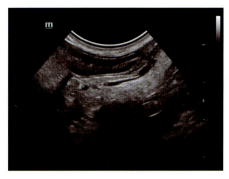

图7-14　犬胰腺扫查声像

表7-3　犬、猫胰腺和胰腺导管平均值　　　　　　　　　　mm

动物	胰腺左支厚度	胰腺体厚度	胰腺右支厚度	胰腺导管直径
犬	6.5	6.3	8.1	0.6
猫	5.8	6.2	4.4	1

引自：Dominique Penninck, *Atlas of Small Animal Ultrasonography*, 2nd edition, 2015.

7.1.3　胸部B超检查

胸腔B超检查主要用于心脏、胸膜腔积液及胸部体表的检查。以犬的经右侧胸骨旁超声心动检查技术为例进行介绍。

7.1.3.1　右侧胸骨旁左心室流出道长轴观

（1）扫查部位和方法　将犬右侧卧保定于心脏检查台，前肢牵拉，保持脊柱伸直，右侧心区位于检查窗口上方。将探头置于右侧心尖体表搏动位置，将探头倾斜与胸壁呈45°，并指向腰椎，探头指示灯朝向颈部，通过前后1个肋间隙进行移动扫查，直至获得最佳的长轴观声像图。

（2）右侧胸骨旁左心室流出道声像图特征　标准的犬胸骨旁左心室流出道声像图可见右心室、右心房、左心室、左心房和主动脉（图7-15）。室间壁较直，向上或向下凸起，常与室容量负荷增加或者减少有关；二尖瓣较薄，从基部到尖端厚度基本一致，并无脱垂；主动脉和左心房大小相当；左心室壁与室间隔的厚度相似，右心室壁厚约为左心室壁厚的1/2，右心室腔容积为左心室腔的1/3~1/2。

7.1.3.2 右侧胸骨旁长轴四腔观

（1）扫查部位和方法　在获得左心室流出道长轴观的位置开始，旋转探头，使探头指示灯远离检查者，并朝向腰椎，直至主动脉消失。切面转换时保持声像图中始终可以观察到二尖瓣的运动，有助于该切面的查找，同时探头与胸壁保持45°。

（2）右侧胸骨旁四腔观声像图特征　标准的右侧胸骨旁四腔观声像图（图7-16）：可见右心房、右心室、左心房和左心室；室间隔和房间隔较直，房室间隔的上凸或下弯，与左右心房或者心室的扩张和容积改变有关；右心室壁约为左心室壁厚度的1/2，上抬探头可扫查到腔静脉，易误判为右心房的假性扩张。

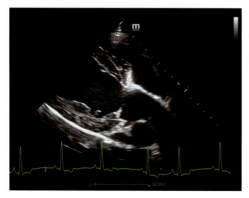
图7-15　犬的右侧胸骨旁左心室流出道长轴观声像

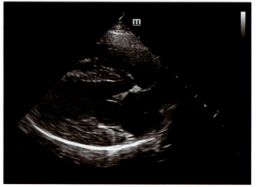
图7-16　犬的右侧胸骨旁四腔观声像

7.1.3.3 右侧胸骨旁短轴观

（1）扫查部位和方法　在获得左心室流出道长轴观的位置开始，沿心脏长轴的假设线将探头旋转90°，探头指示灯参考线朝向肘关节，从心脏基部向心尖扇形扫查，获得心脏的横切面，但探头位置保持不变。

（2）右侧胸骨旁短轴观声像图特征　右侧胸骨旁短轴观声像图有5个主要的观察切面：左心室乳头肌切面、左心室腱索切面、左心室二尖瓣切面、左心房基部切面和肺动脉基部切面。

①左心室乳头肌切面声像图特征（图7-17）：左心室轮廓呈圆形，腔室呈蘑菇样，乳头肌大小相当，室间隔向上凸起；心室壁整齐向心性收缩，右心室壁约为左心室壁厚度的1/3，室间隔右侧不平整的凸起为肉柱和乳头肌。

②左心室腱索切面声像图特征（图7-18）：左心室外观呈对称的圆形，乳头肌处白色的线状强回声为腱索，该扫查切面常用来测量左心室。

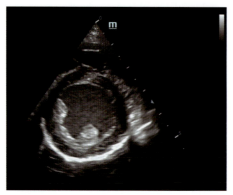
图7-17　犬的右侧胸骨旁短轴乳头肌声像

③左心室二尖瓣切面声像图特征（图7-19）：二尖瓣在此切面常呈不规则外观，但开合良好。舒张期，前尖瓣移向室间壁，后尖瓣移向左心室壁，而收缩期瓣膜相向运动，瓣膜的开关形如"鱼嘴"样。

④左心房基部切面声像图特征（图7-20）：主动脉和左心房大小相当；动脉瓣清晰可见，当主动脉瓣闭合时，形成奔驰车标样外观；左心房壁与左心耳平滑连接，心耳内为液性暗区，无血栓；三尖瓣和肺动脉瓣不易评估；同时可见肺静脉流入左心房。

⑤肺动脉基部切面声像图特征（图7-21）：主动脉和肺动脉直径相当，且肺动脉在分支前直径一致；心脏收缩期时，肺动脉瓣完全向肺动脉壁侧开放。

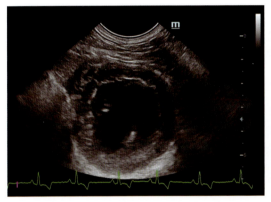

图7-18　犬的右侧胸骨旁短轴腱索声像

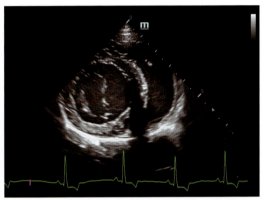

图7-19　犬的右侧胸骨旁短轴二尖瓣声像

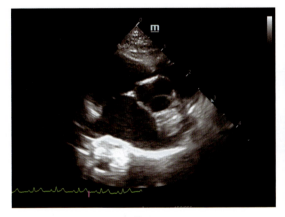

图7-20　犬的右侧胸骨旁短轴左心房和主动脉基部声像

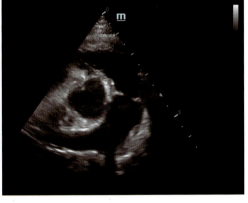

图7-21　犬的右侧胸骨旁短轴肺动脉基部声像

7.2　X线检查

7.2.1　X线检查简述

X线是由于原子中的电子在能量相差悬殊的两个能级之间跃迁而产生的电子流，医用

X线波长在 10^{-3}~10^{-1} nm，具有很强的穿透力。当 X 线通过人体或动物时，因体内各组织器官的密度和厚度不同，对 X 线量的吸收不同，经显像处理后即可得到不同的影像。近年来，随着计算机技术和检测技术的飞速发展，传统的 X 线胶片摄影技术逐渐被数字成像技术所取代。目前，计算机 X 线成像（computed radiography, CR）和数字 X 线成像（digital radiography, DR）已经在动物临床诊断中广泛应用。CR 是在传统 X 线胶片摄影装置基础上改进而来，使用成像板替代了原有的胶片和增感屏，曝光后，将成像板放入 CR 扫描仪进行扫描，经计算机读取后得到数字影像。DR 则是一套完全数字化的 X 线机，平板探测器经 X 线曝光后实时将 X 线信号转换成数字信号由计算机进行处理。不论是使用传统胶片摄片，还是使用 CR 或 DR 摄片，遵守 X 线拍摄操作规范是获得优质 X 线影像的基础。

7.2.1.1 影响 X 线影像质量的基本因素

（1）摆位 犬、猫拍摄 X 线片常用的摆位方式有右侧位或左侧位、腹背位或背腹位、前后位或后前位、背掌位或背跖位，摆位名称的第一个字表示 X 线进入方向，第二个字表示 X 线射出方向。根据不同的拍摄部位和要求，选择合适的摆位方式，正确的摆位姿势对于获得高质量的 X 线影像至关重要。

（2）组织原子序数、密度和厚度 一般来说，原子序数越高的组织，X 线光电吸收的概率越高，因此，原子序数相差越大的两种组织，其在 X 线图像上的对比度也越高。密度是单位体积的物质的质量，代表组织分子结构的紧密程度。密度越大的组织，吸收 X 线的量越多，在 X 线片上显示的越亮（白）；反之，密度越小的组织，吸收 X 线的量越少，在 X 线片上显示的越暗（黑）。肺和肌肉的原子序数都是 7.4，但肺内含有空气，密度较低，肌肉的密度是肺的 3.1 倍。因此，肌肉的 X 线吸收能力明显大于肺脏。表 7-4 标注了人体部分组原子序数和密度。被检组织越厚，发生光电吸收的机会越多，但过厚的组织会使 X 线减弱。因此，可以通过适当提高管电压增强 X 线的能量，来提高 X 线成像质量。

表 7-4 部分物质的原子序数和相对密度

种类	组织/物质	原子序数	相对密度
人体组织	肌肉	7.4	1.00
	脂肪	6.3	0.91
	骨骼	13.8	1.85
	肺脏	7.4	0.32
造影剂	钡	56	3.5
	碘	53	4.93
	空气	7.6	0.001 293
其他	水泥	17	2.35
	钨	74	19.3
	铅	82	11.35

引自：卢正兴，《兽医放射学》，1992。

7.2.1.2 曝光条件

（1）管电压　管电压是加在 X 线管两极上的直流电压，医用诊断 X 线机的管电压范围一般为 40~150 kV。管电压决定 X 线的穿透力，管电压高，产生的 X 线波长短，穿透力强；管电压低产生的 X 线穿透力也低。由于管电压控制 X 线的穿透力，一般应根据被照机体的厚度选择应用。

（2）管电流和曝光时间　管电流是 X 线管内由阴极流向阳极的电流，以毫安（mA）为单位。一般认为管电流决定着产生 X 线的量，管电流大意味着 X 线的发射量大，反之则小。曝光时间（s）是 X 线管发射 X 线的时间，发射时间长，组织接受的 X 线量就多。由于管电流和曝光时间都是 X 线量的控制因素，故可以把管电压和曝光时间的乘积值即毫安秒数（mAs）作为曝光量的统一控制因素来表示。

（3）焦点—胶片距离　即 X 线管焦点到胶片或影像接收器的距离（SID），SID 越大，影像接收器的感光效应与 SID 成反比，即 SID 越大，接收器的感光效应越弱。兽用 X 线机 SID 一般为 100 cm（约 40 英寸），在拍摄 X 线片时，一般不对 SID 进行调整，如果需要调整 SID，则摄片参数需要重新计算调整。

曝光条件基本上是由动物体重、摄影部位的厚度和想要观察的部位所决定的。在对肺部心脏进行 X 线检查时，使用高 kV 低 mAs 条件曝光，在对骨组织进行 X 线摄影时，使用低 kV 高 mAs 条件曝光，在对腹部等软组织进行 X 线检查时，使用中 kV 中 mAs 条件曝光。表 7-5 为一个简易版的 X 线曝光条件参考值。在实际操作中，由于 X 线机型号不同，性能不同，为方便 X 线拍摄工作，保证摄片质量，动物医院负责 X 线拍摄的工作人员应根据 X 线机性能，针对不同动物种类、拍摄部位进行一些曝光试验，制定相应的投照曝光条件表。在没有曝光条件参考表的情况下，可根据下列公式大约估算曝光条件：① kV=待检部位厚度（cm）×2+40。② 根据体重估计 mAs：体重小于 10 kg 时，选择 2.5~5 mAs；体重介于 10~25 kg 时，选择 5~10 mAs；体重大于 25 kg 时，选择 10~15 mAs。组织厚度超过 10 cm 时，需要使用滤线器，过滤散射线，提高对比度，提高摄片质量。

表 7-5　X 线曝光条件参考值

厚度 cm	胸部 kV	胸部 mAs	腹部 kV	腹部 mAs	骨骼 kV	骨骼 mAs
1	50	2.5	42	5.0	36	10
2	52	2.5	44	5.0	38	10
3	54	2.5	46	5.0	40	10
4	56	2.5	48	5.0	42	10
5	58	2.5	50	5.0	44	10
6	60	2.5	52	5.0	46	10

（续）

厚度	胸部		腹部		骨骼	
cm	kV	mAs	kV	mAs	kV	mAs
7	62	2.5	54	5.0	48	10
8	64	2.5	56	5.0	50	10
9	66	2.5	58	5.0	52	10
10	68	2.5	60	5.0	54	10
使用滤线器						
11	70	5.0	62	10	56	20
12	72	5.0	64	10	58	20
13	74	5.0	66	10	60	20
14	76	5.0	68	10	62	20
15	78	5.0	70	10	64	20
16	80	5.0	72	10	66	20
17	83	5.0	74	10	68	20
18	86	5.0	76	10	70	20
19	89	5.0	78	10	72	20
20	92	5.0	80	10	74	20
21	95	5.0	83	10	76	20
22	98	5.0	86	10	78	20
23	78	10	89	10	80	20
24	80	10	92	10	83	20
25	83	10	78	20	74	40
26	86	10	80	20	76	40
27	89	10	83	20	78	40
28	92	10	86	20	80	40
29	95	10	89	20	83	40
30	98	10	92	20	86	40

引自：M.C. Muhlbauer, S.K. Kneller, *Radiography of the Dog and Cat Guide to Making and Interpreting Radiographs*, 2013.

7.2.1.3　X线（DR）检查操作流程

①阅读检查单：仔细阅读检查单的内容，认真核对患病动物基本信息，明确投照部位和检查目的。

②拍摄前准备：打开X线机电源总开关，去掉患病动物身上可能影响X线检查的物

品，如项圈、胸背带、牵引绳或铃铛等。

③动物摆位及测量：按投照要求，保定好动物，调整投照范围。X 线检查是将动物局部的三维组织结构以二维图像的形式展示出来，所以推荐每个解剖部位至少拍摄两个互成直角的体位。在测量被检部位厚度时，应测量该部位最厚的区域，以保证所有被检部位都能被 X 线穿透。

④选择曝光条件：根据投照部位、体厚、生理和机器条件，选择最佳 kV 和 mAs。

⑤曝光：按以上步骤完成后，在控制区复核各曝光条件是否正确，曝光。

⑥X 线片标记与传输：摄片后，在统一规定的部位标记"L"或"R"和动物信息等，将图像传至病例管理系统。

⑦工作结束后及时关闭设备电源。

7.2.2 头部 X 线检查

头部的解剖结构比较复杂，所以头部 X 线片拍摄的关键是精确和对称。头部的标准投照体位有侧位投照和腹背位或背腹位投照，一些组织结构只能借助附加的特殊投照体位才能显示，如张口侧位、头部扭转侧位、头部扭转张口侧位和张口腹背位投照等。

7.2.2.1 头部侧位投照

患病动物侧卧，患侧朝下。在下颌支处垫上合适厚度的泡沫垫，避免头部扭转，鼻中隔应与检查床平行。在颈部前腹侧下面放置一垫子，并将两前肢向后牵拉，有助于头部保持端正的侧位。投照范围包括从鼻尖到颅底部的整个头部，线束中心位于外眼角，测量部位为颧骨最高点（图 7-22）。

7.2.2.2 头部背腹位投照

患病动物俯卧，头静置于检查床上。用沙袋轻轻压在颈部，保持背腹位时头部紧贴检查床，头部矢状面应与检查床垂直，两前肢可自然放在头两侧。投照范围包括从鼻尖到颅底部的整个头部。线束中心位于两外眼角连线的中点，测量部位为颅骨的最高点（图 7-23）。

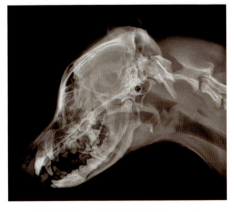
图 7-22　犬头部侧位 X 线影像

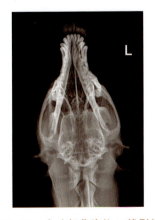
图 7-23　犬头部背腹位 X 线影像

7.2.2.3 头部腹背位投照

患病动物仰卧，用V型槽或沙袋使动物保持仰卧，动物的两前肢向后伸展并固定，鼻腔应与检查床平行。动物突出的枕外隆凸可能会使头部发生扭转，在颅骨下面垫泡沫垫有助于避免扭转。投照范围包括从鼻尖到颅底部的整个头部，线束中心位于两外眼角连线的中点，测量部位为颅骨的最高点。

7.2.3 胸部X线检查

胸部的X线检查不仅对呼吸系统疾病的诊断特别有价值，而且对循环系统、消化系统（如胸部食管）某些疾病的诊断也有帮助。胸部X线摄片时，须在最大吸气末时进行曝光，使肺组织完全显影。

7.2.3.1 胸部侧位投照

动物胸部侧位投照，可以选择左侧位或右侧位，两前肢向前伸展，避免三头肌和肱骨与前胸部的重叠。后肢轻微向后牵拉，保持胸廓对称。头部轻微伸展，避免气管移位。用楔形泡沫垫垫高胸骨，与胸椎在同一水平面，拍摄出来的X线片左右侧肋软骨结合部应重合在一起。投照范围包括从胸骨柄向后到第1腰椎体的整个胸部，线束中心位于肩胛骨后缘，测量部位为肩胛骨后缘水平（图7-24）。

7.2.3.2 胸部背腹位投照

评估心脏时首选胸部的背腹位投照，因为背腹位时心脏更贴近胸骨，且接近在胸廓内正常的悬吊位置。患病动物俯卧，前肢轻微向前牵拉，头低下，放在两前肢之间，后肢保持自然屈膝体位。对于一些大型犬胸部较深或髋关节发育不良的患犬，很难摆成背腹位，也可以选择腹背位投照。投照范围包括整个胸部，线束中心位于肩胛骨后缘，测量部位为肩胛骨后缘水平（图7-25）。

7.2.3.3 胸部腹背位投照

胸部的腹背位投照适用于观察整个肺野，但呼吸窘迫的动物仰卧可能会导致严重的呼吸障碍，因此禁止进行腹背位投照。患病动物仰卧，两前肢向前伸展，后肢保持正常体位。

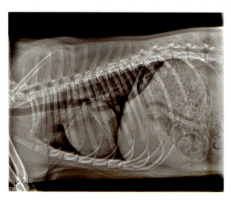

图7-24　犬胸部侧位X线影像

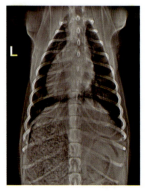

图7-25　犬胸部背腹位X线影像

如果偏转，可用 V 型槽或沙袋垫在骨盆部进行辅助，拍摄的 X 线片，胸骨须与脊柱重叠。投照范围包括整个胸部，线束中心位于肩胛骨后缘，测量部位为肩胛骨后缘水平（图 7-26）。

7.2.4 腹部 X 线检查

腹腔内脏器有消化、泌尿、生殖等系统，组织器官多为实质性或含有液、气的软组织脏器，这些器官多为中等密度，其内部或器官之间缺乏明显的天然对比，因而形成的 X 线影像也缺乏良好的对比度。曝光的最好时机是在动物呼气之末，此时膈的位置相对靠前，腹壁松弛，从而避免了内脏器官的拥挤，也避免了因膈的运动所造成的影像模糊。腹部厚度的测量位置应选择在最后

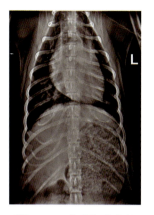

图 7-26　犬胸部腹背位 X 线影像

肋骨，对于深胸动物，在投照后腹部时要适当降低曝光条件。腹部投照时，为增加 X 线片的对比度，应适当降低 kV，增加 mAs。

7.2.4.1　腹部侧位投照

右侧位投照可使两侧肾脏的长轴分开，患病动物右侧卧，两后肢向后伸展，消除股部肌肉与后腹部的重叠。在两股骨之间垫上合适厚度的泡沫垫，消除骨盆和后腹部的旋转。在胸骨下垫上泡沫垫，使胸骨与胸椎位于同一水平面（图 7-27）。投照范围包括膈后到股骨头，线束中心位于最后肋骨后缘（猫以最后肋骨后缘 2~3 指宽处为中心）。

7.2.4.2　腹部腹背位投照

患病动物仰卧，后肢自然屈曲呈"蛙腿"状，用 V 型槽或沙袋垫在胸部辅助保持端正的腹背位，以避免皮褶影像的干扰。投照范围包括从剑状软骨到耻骨的区域，X 线束中心对准脐部（图 7-28）。

7.2.4.3　腹部背腹位投照

患病动物俯卧，前肢自然趴卧，后肢成自然屈膝体位。投照范围包括从剑状软骨到耻骨的区域，X 线束中心对准最后肋弓处。对于胸部较深的犬只或髋关节发育不良的犬，应

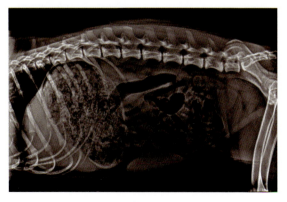
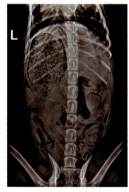

图 7-27　犬腹部侧位 X 线影像　　图 7-28　犬腹部腹背位 X 线影像

尽量选择腹背位。

7.2.5 前肢及关节X线检查

7.2.5.1 肩胛骨X线检查

（1）肩胛骨侧位投照　肩胛骨重叠于前胸部的侧位适用于疼痛或过度牵拉会导致进一步损伤的患病动物。患病动物侧卧，患肢在下。患肢向后、腹侧牵拉，对侧肢向前伸展，避开被检部位。线束中心位于肩胛骨中部，测量部位为肩胛骨所在的前胸腹侧（图7-29）。

（2）肩胛骨后前位投照　患病动物仰卧，双前肢向前伸展。将患病动物的胸骨远离肩胛骨旋转10°~12°，这样胸壁的肋骨不与肩胛骨重叠，并可显示清晰、无遮挡的肩胛骨。线束中心对准肩胛骨中部，测量部位为肩关节最厚部（图7-30）。

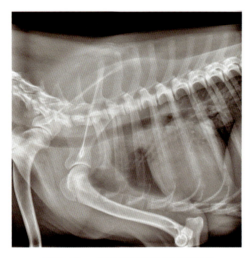
图7-29　犬肩胛骨侧位X线影像

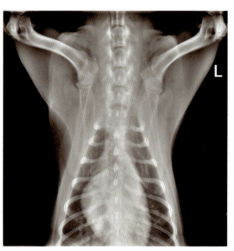
图7-30　犬肩胛骨后前位X线影像

7.2.5.2 肩关节X线检查

（1）肩关节后前位投照　肩关节的后前位投照摆位与肩胛骨后前位摆位相似。患病动物仰卧，双前肢向前伸展。前肢向前拉伸，肱骨几乎与检查床平行，拉伸时注意不要旋转肱骨。线束中心为肩关节，测量部位为肩关节。有时需同时曝光双侧肩关节以进行对比，可能更利于诊断，此时线束中心为两个关节连线中点（图7-30）。

（2）肩关节侧位投照　患病动物侧卧，患侧肩关节在下。将患肢向胸骨的前侧和腹侧拉伸，以减少肩关节与其他组织重叠。将对侧肢向后背侧牵拉，颈部向背侧伸展（图7-31）。

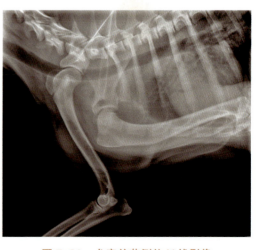
图7-31　犬肩关节侧位X线影像

7.2.5.3 肱骨 X 线检查

（1）肱骨侧位投照　患病动物侧卧，患肢在下。将患肢向前腹侧方向拉伸，对侧肢向后背侧牵拉，头颈部向背侧伸展。投照范围包括肩关节和肘关节，线束中心对准肱骨中部，测量部位为肩关节最厚处（图 7-31）。

（2）肱骨后前位投照　患病动物仰卧，双前肢向前伸展。被检肢尽可能与检查床保持平行，以减少失真。头颈部应保持在两前肢之间，以减少身体的重叠和旋转。投照范围包括肩关节和肘关节，线束中心对准肱骨中部，测量部位为肩关节最厚处。

（3）肱骨前后位投照　患病动物仰卧，患肢向后牵拉，使肱骨与检查床平行。将患肢远离胸廓轻微外展，避免肋骨与投照部位重叠。投照范围包括肩关节、肱骨和肘关节，线束中心对准肱骨中部，测量部位为肩关节最厚处（图 7-32）。

7.2.5.4 肘关节 X 线检查

（1）肘关节侧位投照　患病动物侧卧，患肢在下。头颈部轻微向背侧伸展，将健肢向后背侧牵拉。在掌部垫上楔形泡沫垫以保持端正的肘关节侧位。线束中心对准肘关节，测量部位为肱骨远端（图 7-33）。

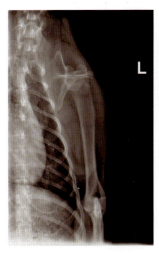

图 7-32　犬肱骨前后位 X 线影像

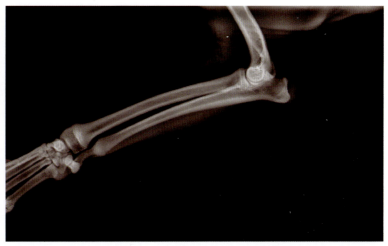

图 7-33　犬肘关节侧位 X 线影像

（2）肘关节前后位投照　患病动物俯卧，患肢向前伸展。将患病动物头部偏向健侧远离患肢，避免患侧肘关节向外侧或内侧移位。在肘关节下放置泡沫垫可减少肘关节轴向旋转或防止偏转。拍摄出的 X 线片，鹰嘴应位于肱骨内上髁和外上髁之间（图 7-34）。

7.2.5.5 桡尺骨 X 线检查

（1）桡尺骨侧位投照　患病动物侧卧，患肢在下。健肢向后牵拉出投照范围。投照范围包括肘关节和腕关节，线束中心对准桡骨和尺骨中部，测量部位为肘关节（图 7-33）。

（2）桡尺骨前后位投照　患病动物俯卧，患肢向前伸展，将头部偏向健侧远离患侧，以鹰嘴位于肱骨髁之间来确保前后位摆位端正。投照范围包括肘关节和腕关节，线束中心对准桡尺骨中部，测量部位为肱骨远端（图7-35）。

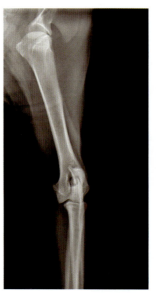

图7-34　犬肘关节前后位X线影像　　图7-35　犬桡尺骨前后位X线影像

7.2.5.6　腕关节X线检查

（1）腕关节侧位投照　患病动物侧卧，患肢在下。在肘关节下垫一楔形泡沫垫，腕关节与检查床保持平行，健肢向后牵拉出投照范围。线束中心对准远列腕骨，测量部位为腕部中心（图7-36）。

（2）腕关节背掌位投照　患病动物俯卧，患肢向前伸展。腕关节平放在片盒上，肘关节下放一泡沫垫，防止旋转。线束中心对准腕骨中心，测量部位为线束中心点（图7-37）。

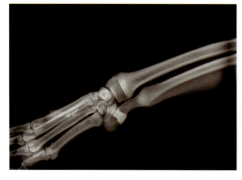
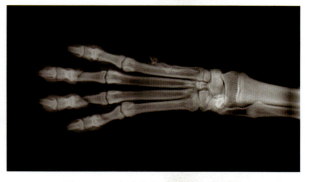

图7-36　犬腕关节侧位X线影像　　图7-37　犬腕关节背掌位X线影像

7.2.5.7 掌指骨 X 线检查

（1）掌指骨背掌位投照　患病动物俯卧，患肢爪部伸展放于片盒上，必要时，可用胶带粘贴指部，使各指平放。投照范围包括腕关节和各指尖，线束中心和测量部位为掌骨中部（图 7-37）。

（2）掌指骨侧位投照　患病动物侧卧，患肢在下。在肘关节下垫一泡沫垫，减小偏转。由于掌指骨重叠很难辨别，可用胶带将患指与其他指分开固定。投照范围包括腕关节和各指尖，线束中心盒测量部位均为掌骨中部（图 7-38）。

7.2.6　后肢及关节 X 线检查

7.2.6.1　骨盆 X 线检查

（1）骨盆侧位投照　患病动物侧卧，患侧在下。在患病动物的两个膝关节之间放一楔形泡沫，使两股骨与检查床平行。为在 X 线片上区分左右侧股骨，在下方的后肢轻微前拉，上面的后肢轻微后拉。投照范围包括整个骨盆、部分腰椎和股骨，线束中心对准股骨大转子，测量部位为大转子水平处（图 7-39）。

（2）骨盆腹背位蛙腿式投照　怀疑有骨盆创伤时，适用骨盆蛙腿式摆位。患病动物仰卧，可使用 V 型槽辅助摆位，后肢成正常的屈曲位。用沙袋压在跗关节上，使股骨与脊柱成 45°，两后肢摆位相同（图 7-40）。

（3）骨盆腹背位伸展式投照　骨盆伸展位是评估髋关节发育不良的标准摆位，为保证摆位的对称性和准确性，通常需要镇静。患病动物仰卧于 V 型槽内，或用沙袋辅助保定仰卧，两后肢屈曲成蛙腿式，然后紧握跗关节。此时，将两侧膝关节相对向内旋转并向后牵拉直至两股骨与检查床平行。使用胶带固定两后肢或戴上铅手套人为抓持，尾巴用胶带固定于两股骨之间。正确的摆位必须符合以下标准：①两股骨相互平行。②两髌骨应位于股骨髁中央。③骨盆无偏转，闭孔、髋关节、半侧骨盆和荐髂关节成镜像关系。投照范围包括骨盆、两侧股骨和膝关节（图 7-41）。

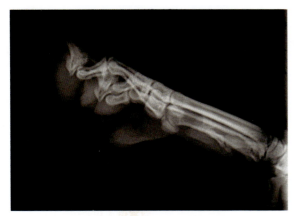

图 7-38　犬掌指骨侧位 X 线影像

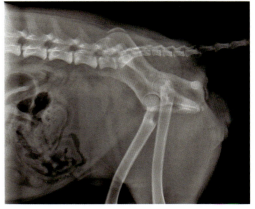

图 7-39　犬骨盆侧位 X 线影像

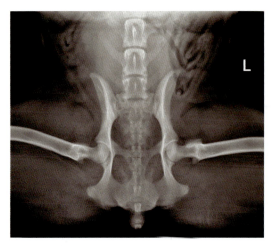
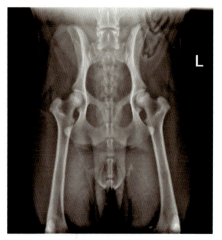

图 7-40　犬骨盆腹背位蛙腿式 X 线影像　　图 7-41　犬骨盆腹背位伸展式 X 线影像

7.2.6.2　股骨 X 线检查

（1）股骨侧位投照　患病动物侧卧，患肢在下，健肢外展并旋转出 X 线束投照区域。在胫骨近端放置泡沫垫消除股骨的偏转。投照范围包括髋关节、股骨和膝关节，线束中心和测量部位均为股骨中部（图 7-42）。

（2）股骨前后位投照　患病动物仰卧，患肢向后伸展，轻微外展，消除股骨近端与坐骨结节的重叠，健肢屈曲并向外旋转辅助外展。适当拉直患肢，以使股骨成端正的前后位，髌骨应位于两个股骨髁之间。投照范围包括髋关节、股骨和膝关节，线束中心和测量部位均为股骨中部（图 7-43）。

7.2.6.3　膝关节 X 线检查

（1）膝关节侧位投照　患病动物侧卧，患肢在下，健肢屈曲外展远离 X 线投照区。患肢膝关节自然微屈，在跗关节下放置泡沫垫使胫骨与检查床平行（图 7-44）。

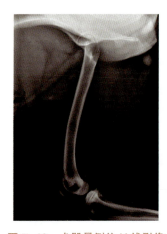
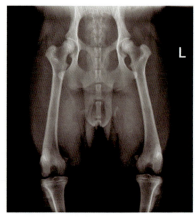
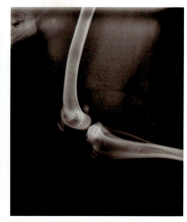

图 7-42　犬股骨侧位 X 线影像　　图 7-43　犬股骨前后位 X 线影像　　图 7-44　犬膝关节侧位 X 线影像

（2）膝关节后前位投照　患病动物俯卧，患肢向后牵拉至最大伸展位。健肢屈曲，并用海绵垫或沙袋抬高，抬高健肢以控制患肢膝关节的外旋。髌骨应位于两股骨髁的中央，触诊股骨髁和胫骨结节有助于确保对称。线束中心位于膝关节，测量部位为股骨远端（图 7-45）。

（3）膝关节前后位投照　患病动物仰卧，被检后肢如股骨前后位时伸展。

7.2.6.4 胫腓骨 X 线检查

（1）胫腓骨侧位投照　患病动物侧卧，患肢在下。膝关节轻微屈曲并保持端正的侧位，用泡沫垫在跖骨下，消除胫骨的偏转。对侧肢向前或向后牵拉出 X 线束投照区。投照范围包括膝关节、胫骨和腓骨和跗关节，线束中心对准胫腓骨中部，测量部位为膝关节（图 7-46）。

（2）胫腓骨后前位投照　患病动物俯卧，患肢向后伸展，在后腹部和骨盆处垫泡沫垫支撑身体，防止患肢偏转。胫腓骨应为端正的后前位，使髌骨位于两股骨髁之间。如果患病动物的尾较长，应用胶带将其固定于投照范围之外。投照范围包括膝关节、胫腓骨和跗关节，线束中心对准胫腓骨中部，测量部位位于膝关节水平处（图 7-47）。

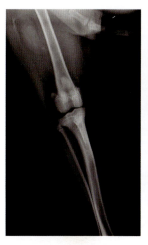
图 7-45　犬膝关节后前位 X 线影像

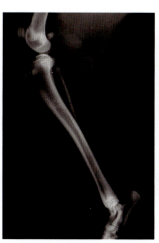
图 7-46　犬胫腓骨侧位 X 线影像

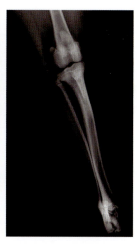
图 7-47　犬胫腓骨后前位 X 线影像

7.2.6.5 跗关节 X 线检查

（1）跗关节侧位投照　患病动物侧卧，患肢在下，跗关节成自然的轻微屈曲体位，对侧肢向前牵拉出投照范围之外。线束中心对准跗关节中部，测量部位为跗关节的最厚处（图 7-48）。

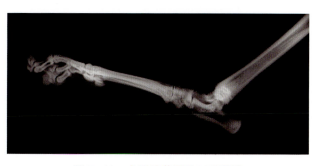
图 7-48　犬跗关节侧位 X 线影像

（2）跗关节跖背位和背跖位投照　患病动物俯卧，患肢和拍摄胫腓骨后前位一样向后伸展。在膝关节下垫一泡沫垫使跗关节成最大伸展状态。当动物抗拒后肢向后伸展时，则可进行跗关节背跖位投照。患病动物俯卧，患肢向前伸展暴露于体侧，患肢轻微外展远离体壁，避免体壁与跗关节重叠。膝关节内旋，使髌骨位于股骨髁之间，以此确保跗关节成端正的背跖位。线束中心对准跗关节中心，测量部位为跗关节最厚部位（图7-49）。

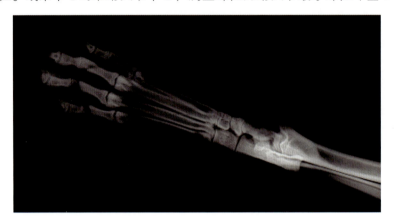

图7-49　犬跗关节背跖位X线影像

7.2.6.6　跖趾骨X线检查

（1）跖趾骨侧位投照　患病动物侧卧，患肢在下。对侧肢向前或向后牵拉出投照范围之外，跖关节置于自然屈曲位置。在膝关节下垫一泡沫垫保持跖骨成端正的侧位。投照范围包括跗关节、跖骨和趾骨。线束中心对准跖骨中部，测量部位为跗关节远端（图7-48）。

（2）跖趾骨背跖位和跖背位投照　背跖位时，患病动物俯卧，被检后肢向前牵拉并且轻微外展远离体壁。患肢膝关节外旋并用胶带固定，以获得端正的背跖位。投照范围包括跗关节、跖骨和趾骨。跖背位摆位同跗关节的跖背位摆位，线束中心对准跖骨中部，测量部位为跗关节远端（图7-49）。

7.2.7　脊柱X线检查

7.2.7.1　颈椎X线检查

（1）颈椎侧位投照　患病动物侧卧，头颈部伸展，双前肢向后牵拉。将患病动物头部向前牵拉，在下颌处垫上泡沫垫以免头部倾斜，在颈中部垫上泡沫垫使颈椎与检查床平行。投照范围包括颅底部、整段颈椎和少许胸椎，线束中心对准第4~5颈椎椎间隙，测量部位为第7颈椎水平处（图7-50）。

（2）颈椎腹背位投照　患病动物仰卧，头向前伸展，双前肢沿身体向后牵拉。患病动物保持端正的腹背位，用泡沫垫在颈中部使颈椎与检查床平行。投照范围包括颅底部、整段颈椎和少许第1胸椎。线束中心对准第4~5颈椎椎间隙，测量部位为第5~6颈椎椎间隙（图7-51）。

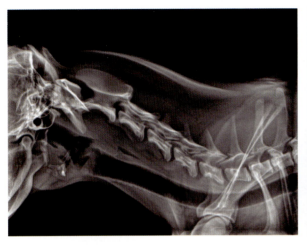
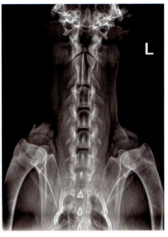

图 7-50　犬颈椎侧位 X 线影像　　　　图 7-51　犬颈椎腹背位
　　　　　　　　　　　　　　　　　　　　　　X 线影像

7.2.7.2　胸椎 X 线检查

（1）胸椎侧位投照　患病动物侧卧，前肢和后肢分别远离身体中度伸展。在胸骨下垫泡沫垫抬高胸骨，消除胸椎的偏转。为确保摆位正确，胸骨和胸椎与检查床面距离应相同。投照范围包括第 7 颈椎到第 1 腰椎，线束中心对准第 7 胸椎体，测量部位为第 7 肋骨水平（图 7-52）。

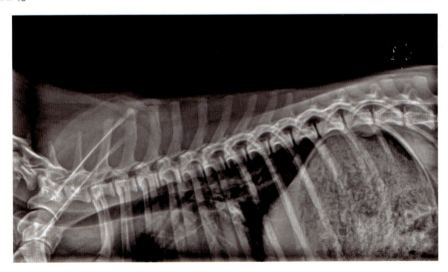

图 7-52　犬胸椎侧位 X 线影像

（2）胸椎腹背位投照　患病动物仰卧，双前肢向前伸展，后肢成自然体位，可在腰部放置 V 型槽辅助保持仰卧。拍摄出的 X 线片，胸骨应与胸椎重叠。投照范围包括从第 7 颈椎到第 1 腰椎的所有椎体，线束中心对准肩胛骨后缘水平，测量部位为胸骨最高点（图 7-53）。

7.2.7.3　腰椎 X 线检查

（1）腰椎侧位投照　患病动物侧卧，前肢和后肢中度伸展。在胸骨下垫泡沫垫，消除腰椎的偏转。必要时，在腰中部垫上泡沫垫，使腰椎保持平直。投照范围包括从第 13 胸椎体到第 1 荐椎体的所有椎体，线束中心对准第 4 腰椎体水平，测量部位为第 1 腰椎体水平（图 7-54）。

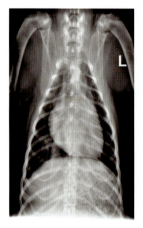

图 7-53　犬胸椎腹背位 X 线影像

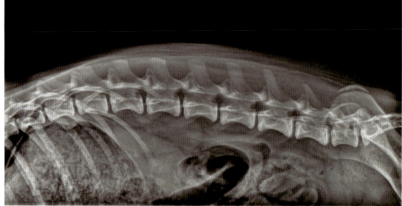

图 7-54　犬腰椎侧位 X 线影像

（2）腰椎腹背位投照　患病动物仰卧，前肢向前伸展且后肢成自然体位。在胸部放置 V 型槽保持端正的腹背位。投照范围包括从第 13 胸椎到第 1 荐椎的所有椎体，线束中心对准第 4 腰椎水平，测量部位为第 1 腰椎水平（图 7-55）。

7.2.7.4　荐椎 X 线检查

（1）荐椎侧位投照　荐椎侧位投照摆位与骨盆的侧位摆位相同（图 7-39）。

（2）荐椎腹背位投照　患病动物仰卧，后肢成自然体位。在胸部放置 V 型槽保持端正的腹背位。X 线管朝向头侧倾斜 30°，以荐椎为中心投照，投照范围包括从第 6 腰椎到髂骨嵴的区域。

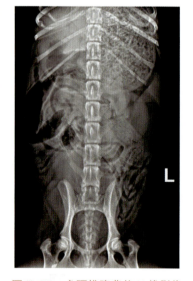

图 7-55　犬腰椎腹背位 X 线影像

7.2.7.5　尾椎 X 线检查

（1）尾椎腹背位投照　患病动物仰卧，后肢成自然体位。在胸部放置 V 型槽辅助身体保持端正的腹背位，尾向后伸展并摆在检查床上。动物的尾存在自然弯曲时，要用胶带将尾粘于检查床上。线束中心对准被检部位，测量部位为尾近端，如图 7-56（a）所示。

(a)

(b)

图 7-56 犬尾椎 X 线影像

（2）尾椎侧位投照　患病动物侧卧，尾向后伸展。需要用适当厚度的泡沫垫垫高尾部，使尾与检查床保持平行，并使尾成直线。线束中心对准被检部位，测量部位为尾近端，如图 7-56（b）所示。

7.2.8　X 线检查防护

X 线穿透机体会产生一定的生物效应。如果使用的 X 线量超过允许剂量，就可能产生放射反应，严重时会造成不同程度的放射损害。从事放射技术的人员，不仅要努力提高 X 线在动物诊疗中的应用水平，也要充分认识放射安全的重要意义，注意个人防护。

7.2.8.1　主要作用于工作人员的射线

在进行 X 线检查时，作用于工作人员的 X 线可来自原射线、漏出射线和散射线。

（1）原射线　是指从 X 线管窗口射出的射线，原射线的照射剂量率远比散射线和漏出射线大得多。因此，对原射线的防护是放射安全的主要目标，避开并远离原射线是应普遍遵守的防护原则。

（2）漏出射线　是指发自 X 线管阳极靶面的、能穿透 X 线管封套向外辐射的 X 线。现代 X 线封套管内都有合格的铅防护罩，因此漏出射线很少，不会超过国家规定的标准。

（3）散射线　是由原射线照射到动物机体、物体、用具或建筑物上激发产生的次级射线，能量大的 X 线还可以发生二次、三次散射线。散射线的强度在距离原射线照射目标 1 m 处约为原射线照射强度的千分之一，并随距离的增加而递减。

7.2.8.2　X 线检查的防护措施

根据我国《放射工作人员职业健康管理办法》的规定：放射工作单位应安排本单位放射工作人员接受个人剂量监测，其中外照射个人剂量监测周期一般为 30 天，最长不应超过 90 天。另外，根据国家标准《电离辐射防护与辐射源安全基本标准》（GB 18871—2002）的规定：医学放射工作人员工作中所受职业照射在连续 5 年平均有效剂量（但不可做任何追溯性平均）不应超过 20 mSv，其中任何一年中的有效剂量不应超过 50 mSv，眼晶体的年当量剂量不应超过 150 mSv，四肢（手和足）或皮肤的年当量剂量不应超过 500 mSv。所以，相关工作人员在进行放射工作时应按要求正确佩戴个人剂量监测计，并定期进行监测，保存监测结果。在进行 X 线检查时，工作人员应做好以下防护措施：

①工作之中除操作人员和辅助人员外，闲杂人员不得在工作现场停留，特别是孕妇和儿童。检查室门外应设警示标识。

②在符合检查要求的情况下，可对动物进行镇静或麻醉，利用各种保定辅助器材进行摆位保定，尽量减少人工保定。

③参加保定和操作人员尽量远离机头和原射线以减弱射线的影响。

④参加 X 线检查的工作人员应穿戴防护用具（如铅围裙、铅手套），透视时还应戴铅眼镜。利用检查室内的活动屏风遮挡散射线。

⑤在满足投照要求的前提下，尽量缩小照射范围，并充分利用遮线器。

7.2.9　X 线造影技术

为扩大检查范围，提高诊断效果，可将高于或低于该结构或器官的物质引入该器官内或其周围间隙，使之产生对比以显影，引入的物质称为对比剂，也称造影剂。根据造影剂原子序数的高低和吸收 X 线能力的大小，可分为低密度造影剂（阴性造影剂）和高密度造影剂（阳性造影剂）。

7.2.9.1　阴性造影剂

空气、氧气和二氧化碳是最常用的阴性造影剂。在小动物临床中，气体造影剂主要用于膀胱和腹腔造影。其中，二氧化碳溶解度大，吸收快，副反应小，应尽快完成检查；空气方便易取，应用最广，但溶解度小，不易吸收，如进入血液循环有引起空气栓塞的风险，因此禁止用于有血尿的患病动物；氧气性质介于空气和二氧化碳，使用时应加以注意。

7.2.9.2　阳性造影剂

（1）钡制剂　造影用硫酸钡性质稳定，不溶于胃肠液，无毒性，常用于胃肠道造影，如慢性呕吐、持续性腹痛、肠套叠、肠道狭窄、异物或肠梗阻等。如果消化道有穿孔，硫酸钡一旦进入胸腔或腹腔，则不会被吸收或消化，可能会引起肉芽肿。因此，对疑似食管穿孔和胃肠道穿孔的病例，禁止使用硫酸钡制剂，可以使用水溶性碘制剂。临床使用的钡制剂是由硫酸钡粉制成的钡糊（约 70%）和混悬液（约 50%），钡糊主要用于食管或胃的黏膜造影，混悬液主要用于胃肠道造影。

（2）碘制剂　目前，临床常用的碘造影剂为有机碘制剂，其水溶性好，经肾排泄，种类较多，通常用于心血管和尿路造影。根据化学特性和结构，有机碘造影剂又分为离子型单体、离子型二聚体、非离子型单体和非离子型二聚体。碘造影剂分类、性质及应用见表 7-6 所列。其中，非离子型造影剂具有毒性小、局部及全身耐受性高、碘浓度高、增强效果好等优点，在人医临床得到广泛应用。尽管非离子造影剂副反应发生率极低，但仍存在发生严重副反应的可能，检查室应准备必要的抢救药品及器材，操作中密切关注患病动物的体况变化，一旦发生不良反应，应及时对症处理或抢救。

表 7-6 有机碘造影剂分类、性质及应用

类型	结构	代表碘制剂	渗透性	清除半衰期 /h	应用	主要排泄途径
离子型	单体	泛影葡胺	高渗，是血浆渗透压的5~8倍	1~2	可用于静脉和逆行性尿路造影等，禁用于脊髓造影	肾
	二聚体	碘克沙酸	亚高渗，约为血浆渗透压的2倍	1.5	可用于血管、尿路、关节、消化系统、子宫输卵管和涎管造影等	
非离子型	单体	碘帕醇	亚高渗，约为血浆渗透压的2倍	1.5~2	可用于神经放射、血管、心血管、泌尿系统、关节和瘘道造影等	肾
		碘普罗胺		2	可用于血管造影，脑和腹部 CT 扫描及尿道造影等，禁用于鞘内造影	
		碘佛醇		1.5	可用于各类脑血管、心血管、静脉尿路造影及 CT 增强检查等	
		碘海醇		2	可用于心血管、尿路、脊髓、关节腔、子宫输卵管造影和胃肠检查等	
	二聚体	碘曲仑	等渗，与血浆渗透压相近	4	可用于全脊髓和分段脊髓造影，脑室检查，关节腔、子宫输卵管造影等	肾
		碘克沙醇		2	可用于心血管、脑血管及其他动静脉血管造影，尿路造影等	

7.3 CT 检查

7.3.1 CT 检查简述

计算机体层成像（CT）是 X 线检查技术与计算机技术相结合的一种现代医学成像技术。CT 是 X 线源成像，X 线在穿透人体和动物体时会发生衰减，衰减强度与物质的原子序数、

密度、每克电子数和源射线能量的大小相关。CT 与 X 线摄影的最大区别是层面采集和重现成像。在 CT 成像中，CT 机同时测量和记录源射线的强度和通过动物体后的衰减射线，用于计算通过人体或动物体后衰减射线的衰减值，由计算机重建图像。由于 CT 与 X 线摄影的成像方式不同，CT 的密度分辨率要比普通 X 线检查高 20 倍左右。CT 机的基本结构由 X 线发生装置、冷却系统、准直器、滤过器 / 板、X 线检测接收装置、机械运动装置、计算机设备、图像显示及存储装置构成。

根据临床检查的目的不同，CT 检查分为：常规扫描、增强扫描、定位扫描、CT 定量测定、胆系造影 CT 扫描、多期增强扫描、灌注成像、心脏及冠脉 CT 成像、CT 血管造影和 CT 透视等。其中，常规扫描又称平扫，即按照定位片所定义的扫描范围、不注射对比剂的扫描。增强扫描是指采用人工方法由静脉血管将对比剂注入体内，在适当时机进行 CT 扫描检查的方法，可以提高病变组织与正常组织的密度差和显示平扫未显示或显示不清的病变。其他 CT 扫查方法因为在兽医临床诊断中应用较少，在本书中不作介绍。

7.3.2 CT 检查技术

7.3.2.1 CT 检查程序

CT 的扫描检查工作大体可分成以下 6 个步骤：

①输入患病动物资料：包括动物种类、品种、名字、性别、年龄和病例号等信息。根据检查目的选择扫描方向（头先进或尾先进）和检查体位（仰卧、俯卧、左侧卧或右侧卧）。如果是特殊扫描方式（如增强扫描等），应标注。

②患病动物准备：CT 检查，动物一般需要全身麻醉。根据检查要求确定检查体位和方位，将动物放置在检查床上，可采取适当保定措施，开启定位指示灯，将患病动物送入扫描孔内。

③扫描前定位：确定扫描范围，利用 CT 机扫描软件中的定位功能确定扫描的起始线和终止线，或者在给动物摆位时，利用定位指示灯直接在患病动物的体表上定出扫描的起始位置。

④扫描：先确定扫描方式，选择扫描条件，然后按下曝光按钮。整个扫描过程中，操作者要密切观察患病动物的情况、设备运行情况，如有异常，及时处理。

⑤ CT 值测量：图像的测量技术包括 CT 值、距离、大小和角度，是图像后处理中常用的手段。通过 CT 值的测量可以知道某一病变的 CT 值范围，进而推论该病变的性质。

7.3.2.2 CT 检查常用参数

（1）CT 值　以水为零，相对于其他物质的 X 线衰减值，单位为亨氏（Hu）。由表 7-7 可见组织原子序数越高，密度越大，CT 值越高；反之，CT 值越低。该表中的 CT 值绝对值在临床应用中，可大致确定某些组织的存在，如出血、钙化、脂肪和液体等；CT 值还

表 7-7　人体常见组织的 CT 值　　　　　　　　　　　　　　　　　　　　　　Hu

组织	CT 值	组织	CT 值
密质骨	>250	肝脏	45~75
松质骨	30~230	脾脏	35~55
钙化	80~300	肾脏	20~40
血液	50~90	胰腺	25~55
血浆	25~30	甲状腺	35~50
渗出液	>15	脂肪	−50~100
漏出液	<18	肌肉	35~50
脑积液	3~18	脑白质	28~32
水	0	脑灰质	32~40

引自：王鸣鹏，《医学影像技术学——CT 检查技术卷》，2012。

可用于根据组织密度估计组织的类型，并对病变的定性分析有很大的帮助。

（2）窗宽（window width）　表示图像所显示的像素值的范围。窗宽越大，图像层次越丰富，组织对比度相应越小；窗宽越小，图像层次越少，对比度越大。

（3）窗位（window level）　又称窗中心，是指图像显示时图像灰阶的中心值。

（4）窗技术　指调节数字图像灰阶亮度的一种技术，即通过选择不同的窗宽和窗位来显示成像区域，使之合适地显示图像和病变部位。CT 机上窗宽、窗位的一般设置原则是当病变和周围组织密度相近时，应适当调大窗宽；如观察的部位需要层次多一些，也应适当加大窗宽；如果显示部位的图像密度较低，可适当调低窗位，反之则可调高窗位。表 7-8 列出了比格犬常用检查部位的窗宽、窗位设置，供使用时参考。CT 检查时，应根据机器性能、检查动物种类、检查部位、病变类型等情况，确定合适的组织窗宽和窗位。

表 7-8　正常比格犬 CT 扫描的常用窗宽与窗位　　　　　　　　　　　　　　　Hu

扫描部位	窗宽	窗位	扫描部位	窗宽	窗位
鼻中部	200	+21	第 2 颈椎	400	+56
眼眶部	200	+21	第 3 颈椎	400	+61
眼眶后部	400	+53	第 1 胸椎	200	+61
额部	200	+39	纵隔	400	+61
颧弓中部	75	+28	主动脉弓	200	+22
顶颞部	400	+24	气管分叉部	400	−178
脑部	100	+32	心中部	400	−196
延髓部	400	+87	第 6 胸椎	400	−182
第 1 颈椎	400	+76	心后部	400	−164

（续）

扫描部位	窗宽	窗位	扫描部位	窗宽	窗位
肝脏膈面	400	+7	肾	200	+20
胆囊部	100	+20	荐部	200	−3
食道终端	400	+21	耻骨联合	400	+35
胃与十二指肠	200	+20			

引自：谢富强，《兽医影像学》（第3版），2019。

7.3.3 常见部位的CT检查方法和影像学特征

7.3.3.1 头颈部CT检查

头颈部的扫描包括五官、颅脑和颈部，主要采用平扫和增强扫描方法。犬常采用吸入麻醉，俯卧保定，并保持左右对称。头颈部逐层横断面CT扫描，可清晰显示鼻腔、鼻旁窦、鼻咽、喉、气管等上呼吸道系统（图7-57）。脑部、延髓部和第1颈椎扫描，可显示舌骨、喉软骨及周围软组织。甲状腺、甲状旁腺紧靠气管。口腔、咽、食道等上消化道系统则可在鼻、眼眶、眼眶后部、颧弓中部扫描中显示。眼眶后部、额部、颧弓中部、顶颞部、脑部、延髓部和第3颈椎区域扫描可显示中枢神经系统结构（图7-58）。此外，颌骨、颅骨、椎骨的孔和管道均可显示。

7.3.3.2 胸部和纵隔CT检查

清除动物体表牵引带及其他杂物，吸入麻醉，俯卧保定并保持左右对称。胸部CT扫描主要采用普通平扫、增强扫描、薄层扫描、高分辨率扫描等。胸部逐层横断面CT扫描，可清晰显示胸壁、膈肌、胸膜腔、纵隔、食道、心脏、肺血管系统和主血管、气管和支气管树、肺实质和淋巴结等。图7-59显示的是一只10岁的金毛犬胸腔CT影像，在纵隔中

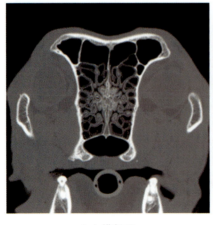 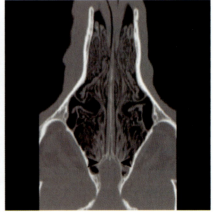

（a）横断面　　　　　　　　　　（b）背平面

图7-57　犬正常鼻腔和鼻旁窦CT扫描

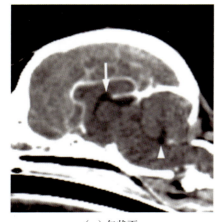 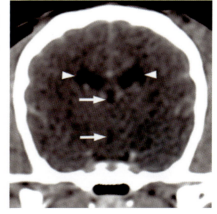

(a)矢状面　　　　　　　　　　(b)横断面

图 7-58　贵宾犬脑部的增强 CT 扫描

(a)中长箭头为侧脑室,短箭头为第四脑室
(b)中两个短箭头为侧脑室,上长箭头为第三脑室,下长箭头为第四脑室

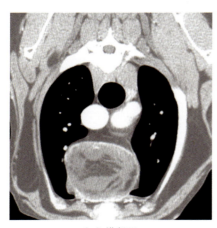 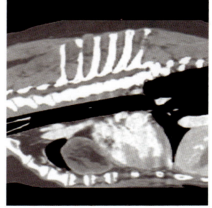

(a)横断面　　　　　　　　　　(b)矢状面

图 7-59　金毛犬胸腔部纵隔肿块 CT 增强扫描

有一界限明显的卵圆形肿块,呈不均匀衰减。肿块切除后,病理学检查显示为慢性组织出血性血肿伴脂肪组织坏死。

7.3.3.3　腹部 CT 检查

动物吸入麻醉,俯卧保定并保持左右对称。腹部 CT 扫描,可用于评价腹壁、腹膜后间隙(可见腹主动脉、后腔静脉、肾脏和肾上腺)、腹膜腔、肝脏血管系统和肝胆管系统;显示食道、胃、小肠、大肠及直肠等消化道、泌尿生殖道的软组织结构;检查和鉴别先天性肝内和肝外门脉分流、肝脏结节、肿块及肿瘤等。其中,腹膜后间隙中主动脉旁淋巴结数目不一,位于主动脉髂支外侧的髂内淋巴结和髂动脉之间的腹下淋巴结常被检出。造影剂可增强软组织的分辨率。图 7-60 显示的是一只患有大便困难的 7 岁金毛犬腹部 CT 影

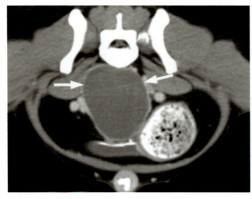 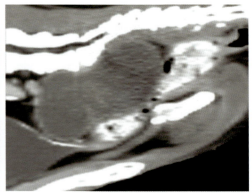

（a）横断面　　　　　　　　　　　（b）矢状面

图 7-60　金毛犬腰椎下腹膜外间隙囊状癌增强 CT 扫描

引自：Erik Wisner, Allison Zwingenberger, *Atlas of Small Animal CT and MRI*, 2015.

像，静脉注射造影剂后，在腰椎下可见到一个界限明显、边缘增强的肿块。矢状面显示肿块位于盆腔入口处，结肠受到压迫。肿块切除后，病理学检查显示为肛门腺源的区域转移癌。

7.4　MRI 检查

磁共振成像（MRI）是在计算机技术、电子电路技术、低温超导技术、系统科学技术、磁体制造技术及图像处理技术等基础上迅速发展起来的一门医学诊断技术，其利用人体或动物体内原子核在磁场内与外加射频磁场发生共振而产生影像，可用于全身各系统疾病的诊断，尤其对早期肿瘤的诊断具有重要意义。MRI 成像与被检组织的原子核密切相关，在这项技术诞生之初被称为核磁共振成像（nuclear magnetic resonance，NMR），但该项检查并不使用放射性元素，也不会产生电离辐射。因此，为避免与核医学放射成像混淆，减少公众对"核"字的误解，学术界把核磁共振改称为磁共振。

MRI 检查可显示人或动物任意角度切面的图像，包括矢状面、冠状面、横轴图像和各种斜面图像。MRI 检查成像精细、图像清晰、分辨率高、对比度好、对软组织层次显示分明，几乎适用于全身各系统不同疾病的诊断，如肿瘤、炎症、创伤、退行性病变及各种先天性疾病的检查，尤其对脑和脊髓疾病的诊断要优于 CT。但 MRI 也有一些缺点，限制了其在一些病例上的应用，如成像时间长、显示骨组织及钙化的能力比 CT 差、价格昂贵等。磁共振是一个强大的磁体，能吸引一切铁磁性物质，可能导致金属植入物移位或脱落，心脏起搏器工作失常或磁卡消磁等，所以受检者身上不能含有金属物品。在人医，MRI 检查有很多禁忌症，如带有心脏起搏器、胰岛素泵、铁磁性动脉瘤、眼内铁磁性金属植入物，危重病患、癫痫患者等禁止进行 MRI 检查。在兽医临床检查时，可以使用核磁兼容型动物麻醉机对动物进行吸入麻醉（图7-61），以确保检查时动物能较长时间地保持检查体位以配合诊断，也不影响核磁设备的运转和成像。但对于体况较差、年龄过大或过小的动物，MRI检查的风险也较大。

7.4.1 MRI检查原理

MR成像的过程较为复杂，这里仅介绍最基本的物理原理。自然界中所有的物质均由原子构成，包括人体和动物体结构，同种或不同种的原子组合形成分子。原子是由原子核和围绕核旋转的核外电子构成的，原子核由质子和中子组成，质子的数量决定原子的化学性质。MR成像的物质基础是带正电荷的质子的自旋。原子核内质子和中子均有自旋运动，但因大小相同、方向相反，当两者数量相等时，原子核总的自旋为零；但当中子与质子的数量不一

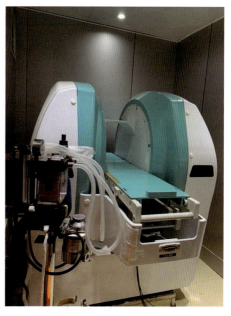

图7-61　MRI机器及吸入麻醉机

致时，就会存在剩余的自旋。由于质子带正电荷，而运动的电荷会形成电流，根据电磁物理学的右手定律，这个绕轴旋转的质子将产生一个小磁场。这个自旋且带有小磁场的质子在物理学上被称为磁矩。自然状态下，生物体内小磁矩的方向任意排列，但是，当存在外磁场时，这些磁矩的磁场方向就会与外磁场的方向一致。所以，具有剩余自旋的质子受外磁场作用而发生反应并改变磁矩的排列方向，这样的元素被称为具有MR活性的元素。活体组织内常见的MR活性元素有 ^{1}H、^{13}C、^{15}N、^{17}O、^{19}F、^{23}Na、^{31}P 等，人体内含量最丰富的原子是H，它与氧结合形成水分子，与碳原子结合形成脂肪及其他化合物，常规MR成像均以H元素作为能量来源。

在外加磁场（第一磁场）的作用下，自旋质子的磁矩按量子力学规律纷纷从无序状态向外磁场磁力线方向有序地排列。当通过表面线圈从与第一磁场垂直的方向施加射频磁场（RF脉冲，或称第二磁场）时，受检部位的H质子从中吸收能量并发生偏转，这一过程称为激励。当第二磁场中断后，H质子释放出所吸收的能量而重新回到原来的自旋方向上的过程，称为弛豫，释放的电磁能量以无线电波的形式发射出来并转化为MR信号。在梯度磁场的辅助作用下，MRI信号形成MRI图像。弛豫过程中H质子释放其所吸收的能量，将其转移到动物体周围组织中，化为热能或诱发分子运动，称为纵向弛豫（T_1弛豫），T_1时间指纵向磁化矢量恢复到其初始值63%所需要的时间；弛豫过程中能量不可逆性地转移到其他正在共振的H质子上，使其相位的一致性丧失称为横向弛豫（T_2弛豫），T_2时间指横向磁化矢量由最大值减少到其37%所需要的时间。表7-9列出了人体组织在1.5T MRI的弛豫时间。

表 7-9　人体组织在 1.5T MRI 的弛豫时间

组织类型	T_1 时间 /ms	T_2 时间 /ms
脂肪组织	240~250	60~80
血液	1350	200
脑脊液	2 200~2 400	500~1 400
脑灰质	920	100
脑白质	780	90
肝脏	490	40
肾脏	650	60~75
肌肉	860~900	50

引自：靳二虎，蒋涛，张辉，《磁共振成像临床应用入门》(第 2 版)，2015。

在 MRI 成像过程中，最基本的一套扫描步骤包括：发射一系列功能各异的 RF 脉冲，多次产生并采集 MRI 信号，为下一次 RF 激发脉冲储备较大的纵向磁化矢量或使已变小的纵向磁化矢量快速恢复。这三个步骤周而复始，直至完成图像重建，形成符合诊断要求的 MRI 影像。TR 指重复时间，表示相邻两个 RF 激发脉冲的发射间隔或时间，单位为毫秒（ms），TR 决定激发脉冲作用后纵向磁化矢量恢复的量。TE 指回波时间，表示从开始发射 RF 脉冲到生成 MRI 信号且达到峰值时刻的间隔或时间，单位为毫秒，TE 决定横向磁化矢量衰减的量。

生物体内各解剖部位的组织结构不同，正常组织和病理组织的结构也不相同。不同组织在 MRI 表现为不同的亮度，称为对比度。如果一种组织在 MRI 图像上显示很亮、很白，我们称这种组织表现为高信号；相反，如果这种组织在 MRI 图像上显示很暗、很黑，我们称这种组织表现为低信号。在两者中间还有各种不同灰阶的信号，统称为中等信号。脂肪、水和肌肉通常代表人体内这三种组织的信号强度。如果 TR 时间较短，MRI 图像中组织的对比度主要由不同组织的 T_1 时间差异所致，这种短 TR 图像称为 T_1 权重图像（T_1WI）。由于 TE 时间较长，MRI 图像中组织的对比度主要由组织间不同的 T_2 时间决定，这种 MRI 图像称为 T_2 权重图像（T_2WI）。MRI 成像时，如果采用足够长的 TR 时间，消除 T_1 弛豫时间对图像对比度的影响；同时，采用足够短的 TE 时间，消除 T_2 弛豫时间的影响，那么 MRI 图像的对比度将主要取决于单位组织的 H 质子数量，即质子含量高的组织 MRI 信号较高，质子含量低的组织信号较低。这种主要由组织的 H 质子含量决定对比度的 MRI 图像，称为质子密度权重图像（PDWI）。

以脑部 MRI 表现说明不同弛豫时间的组织如何形成信号强度差别。在脑部横轴面 T_1WI，脂肪因 T_1 时间最短，故 MRI 信号最高；脑白质的 T_1 时间比脑灰质的 T_1 时间稍短，所以，白质的 MRI 信号较灰质稍高；脑脊液的 T_1 时间最长，故其 MRI 信号最低［图 7-62

（a）]。而在脑部横轴面 T_2WI，脂肪因 T_2 时间较短，其横向磁化矢量可在很短 TE 时间内衰减，故 MRI 信号较低、较暗；与脑灰质 T_2 时间比较，脑白质的 T_2 时间稍短，所以，白质的 MRI 信号强度低于灰质；脑脊液的 T_2 时间最长，当采用较长的 TE 时间成像时，尽管其他组织的横向磁化矢量明显衰减，而水的横向磁化矢量仍然大量保存，故脑脊液的 MRI 信号强度最高 [图 7-62（b）]。

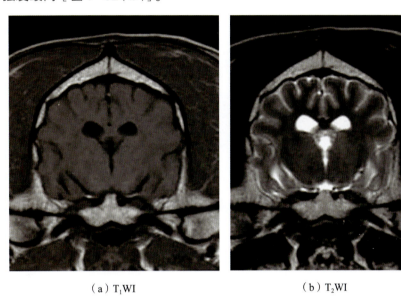

（a）T_1WI　　　　　　　　　　（b）T_2WI

图 7-62　犬脑部横轴面 MRI

7.4.2　MRI 设备

磁共振设备比较复杂，主要包括产生磁场的磁体和磁体电源、梯度场线圈和梯度场电源、射频发射和接收机、系统控制和数据处理计算机、成像操作、影像分析工作台和活动检查床等。磁体是 MRI 的核心，根据磁体的性质的不同，可分为永久型、常导型和超导型三类。梯度磁场的方向与三维轴线方向一致，联合使用可获得任意轴向的图像。射频磁场是由射频线圈以无线电波的形式发射的，所以，射频磁场又称射频脉冲。射频脉冲给予磁化的原子核一定的电磁能，这种电磁能在弛豫过程中释放出来，形成磁共振信号。计算机将这种信号收集起来，按强度转化成黑白灰度并按位置组成二维或三维图像。

7.4.2.1　射频线圈

射频线圈的功能是发射射频脉冲、接收 MRI 信号，对于采集图像的分辨率起到至关重要的作用。日常临床检查上使用的射频线圈根据其结构形态区分，可分为刚性线圈（如头颈联合线圈、头项圈、脊柱线圈等）和柔性线圈（如表面项圈等）。刚性线圈结构多为笼式结构（图 7-63），是 MRI 最早出现的线圈之一，既可发射又可接收射频信号，发射的射频均匀性好，但接收信号信噪比差、成像速度慢；柔性线圈可最大限度贴近受检部位，信号信噪比较好，提升成像质量，但线圈包裹范围有限，扫描速度慢。目前，在人医上又推出了相控阵表面线圈和一体化相控阵表面线圈等，既提高了信号的信噪比，又扩大了线圈的覆盖范围，适应检查的多样化需求。在动物临床 MRI 检查时，我们应根据检查部位的不同、病变范围的大小、检查目的的不同，合理正确地选择射频线圈，从而提高 MRI 检查的图像质量，提高 MRI 检查的诊断准确率。

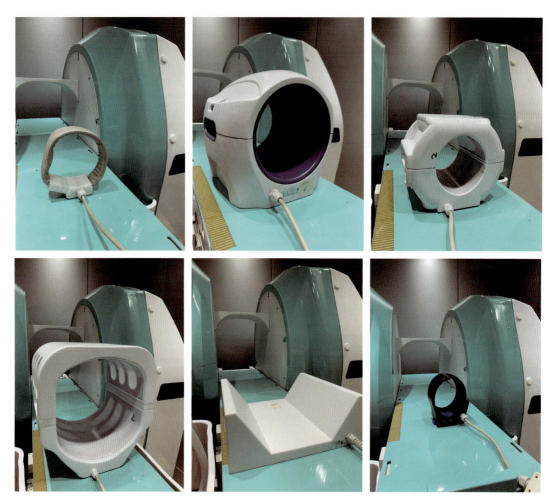

图 7-63　MRI 常用线圈

7.4.2.2　MRI 扫查序列

　　MRI 成像过程中，RF 脉冲、梯度、信号采集时刻的设置参数的组合称为脉冲序列。不同厂家 MRI 机器，其配套的软件各有不同的扫描序列，临床主要有 4 种类型扫描序列：自旋回波序列（spin echo, SE）、反转恢复序列（inversion recovery, IR）、梯度回波序列（gradient echo, GE）和回波平面序列（echo planar imaging，EPI），每种类型扫描序列根据设置参数的不同而又有划分，具体见表 7-10 所列。

表 7-10 常用的 MR 扫描序列

扫查序列类型	扫查序列名称	扫查序列英文全称
SE 类	快速自旋回波序列（FSE/TSE）	fast/turbo spin echo
	单次激发快速自旋回波（SS-FSE）	single shot fast spin echo
	快进阶自旋回波（FASE）	fast advanced spin echo
IR 类	短时间反转恢复序列（STIR）	short tau inversion recovery
	液体衰减反转恢复序列（FLAIR）	fluid attenuated inversion recovery
GE 类	梯度回波序列（GRE）	gradient recalled echo
	快速场回波序列（FFE）	fast field echo
	快速小角度激发序列（FLASH）	fast low angle shot
	扰相梯度回波序列（SPGR）	spoiled gradient recalled echo
	稳态进动快速成像序列（FISP）	fast imaging with steady-state precession
EPI 类	自旋 – 平面回波成像（SE EPI）	spin echo-echo planar
	梯度 – 平面回波成像（GRE-EPI）	gradient echo- echo planar
	弥散加权成像（DWI）	diffusion-weighted imaging

引自：Wilfried Mai, *Diagnostic MRI in Dogs and Cats*, 2018.

7.4.3 小动物 MRI 的临床应用

目前，在一些大型动物医院或转诊中心，已开始使用 MRI 给动物进行影像学检查。MRI 的使用和日常维护，必须由专人负责，医院应制定详细的规章制度并严格执行。

7.4.3.1　MRI 检查适应症

（1）中枢神经系统病变　神经系统由于没有运动型伪影和骨质伪影，所以，MRI 对脑、脊髓病变诊断的效果最佳。MRI 应用于中枢神经系统检查常见的适应症有：脑血管病变、脑部退行性病变、脑部感染与炎症、颅脑外伤与肿瘤、脑室和蛛网膜下腔病变、脑先天性发育畸形、脊柱与脊髓病变等。

（2）其他部位病变　如骨与关节病变、五官与颈部病变、肺脏与纵隔病变、肝胆系统病变、胰脏病变、肾脏与泌尿系统病变、生殖系统病变、盆腔病变和肌肉病变等。

7.4.3.2　MRI 检查准备

诊疗医师首先应详细询问患病动物的病史，结合临床症状、初步体格检查和实验室检查结果，确定扫描部位。同时还应询问动物主人该动物体内是否有植入性金属或电磁物品，如心脏起搏器、犬鸣抑制器、金属牙套等，如有则不能进行 MRI 检查，进入 MRI 检查室的人员也不能携带任何金属或电磁物品，如手表、项链、手机、戒指、钥匙、硬币、银行卡等。检查前，检查人员根据患病动物检查部位、体位来确定射频线圈的类型、扫查序列和成像参数，预估扫查所需时间，对待检动物实施麻醉。MRI 检查大致流程为：预扫描、定位设置、序列选择、梯度定位、射频发射、线圈接收、信号传输和后处理。

7.4.3.3 犬、猫常见部位 MRI 检查影像学特征

（1）脑积水　脑积水不是一种单一的病，它是由于颅脑外伤或颅内肿物使得脑脊液吸收障碍、分泌过多或循环受阻而致脑室发生进行性扩张和/或蛛网膜下腔扩张，按压力可分为高颅压性脑积水和正常颅压脑积水，根据脑脊液动力学可分为交通性和梗阻性。中度脑积水随着脑室壁受牵拉，室管膜逐渐消失，脑室周围呈星形细胞化或胶质疤痕形成。脑室进一步扩大，可使脑脊液进入室周组织而引起白质水肿。若脑积水进一步发展，大脑皮层受压变薄，则可继发脑萎缩。图 7-64 显示的是一只 5 岁拉布拉多犬发生左侧脑室脑积水的 MRI 影像。图 7-64（a）和（d）显示，左侧脑室腹底缘有一个肿块（短箭头），使用造影剂后，肿块信号增强。图 7-64（b）显示，左侧脑室明显扩张，脑室边缘变薄，信号增强，脑室周围间质性水中。该犬死后剖检诊断为脉络丛癌变累及左侧脑室底部并引起

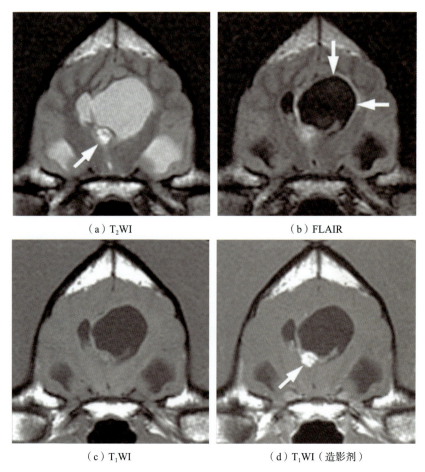

(a) T₁WI　　　　　　　　　　(b) FLAIR

(c) T₁WI　　　　　　　　　　(d) T₁WI（造影剂）

图 7-64　梗阻性脑积水 MRI 图像（横断面）

引自：Erik Wisner, Allison zwingenberger, *Atlas of small Animal CT and MRI*, 2015.

椎间孔部分梗阻。[MRI 中多使用钆（Gd）作为对比增强造影剂，具有顺磁性。Gd 在积聚的组织中可显著缩短 T_1 时间，在 T_1WI 上表现信号增强。]

（2）肿瘤　颅内肿瘤和椎管内肿瘤是神经系统常见的肿瘤，MRI 能准确地对神经系统肿瘤进行定位、定量乃至定性诊断，是神经系统肿瘤首选的检查方法。常见的颅内肿瘤有脑膜瘤（图 7-65）和垂体腺瘤（图 7-66），可引起动物脑部神经功能异常。根据肿瘤大小、位置和性质的不同，可能引发癫痫、瘫痪、眼球震颤、四肢运动功能障碍等。

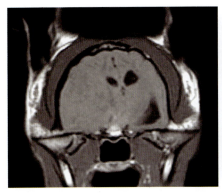
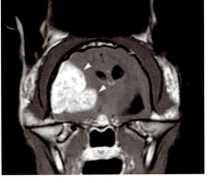

（a）T_1WI　　　　　　　　　　（b）T_1WI（造影剂）

图 7-65　脑膜瘤（横断面）MRI 图像

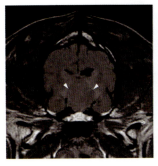
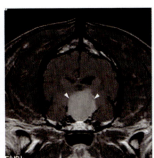
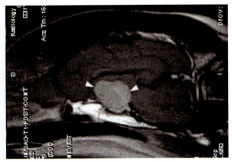

（a）T_1WI（横断面）　　（b）T_1WI（造影剂，横断面）　　（c）T_1WI（造影剂，矢状面）

图 7-66　垂体腺瘤 MRI 图像

（3）椎间盘突出　正常的椎间盘富含水分，因此可在 MRI 上良好成像。但在椎间盘退行或矿化时，椎间盘的纤维环破裂，髓核组织从破裂处突出（或脱出）于椎管内，导致脊髓和/或相邻脊神经根受到刺激或压迫，可造成后躯疼痛、麻木甚至瘫痪等症状。图 7-67 是一只 13 岁的拉布拉多公犬发生后肢瘫痪 1 个月时拍摄的 MRI 影像，图 7-67（a）显示胸部椎间盘间隙宽度基本正常，但图 7-67（b）显示异质性信号增强，表明已发生核脱水，并向上突出压迫脊髓。

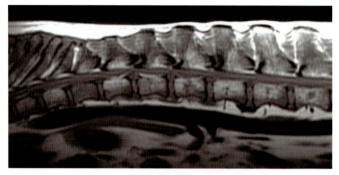

(a) T_1WI

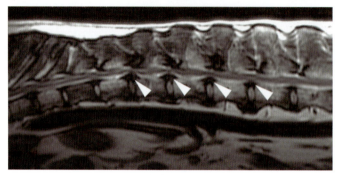

(b) T_2WI

图 7-67　腰部多处椎间盘突出

第 8 章 治疗室

治疗室是动物医院重要的组成部分之一，是动物医生和/或助理对患病动物进行常规治疗或处置的场所。治疗室的工作内容包括配药、给药、输液、创伤处理、导尿、灌肠、饲管放置等操作，工作人员需要具有扎实的理论知识和熟练的操作技能。有些动物医院会设立中央处置室，与住院部相邻，便于处置病例。

【实训目的】

（1）了解常见药物的配伍禁忌，按照医生处方正确进行药物配制。
（2）熟练掌握给动物进行口服、注射和输液等给药技能。
（3）掌握动物常见创伤外科处置原则和方法。
（4）掌握动物耳道清洁、肛囊清理、饲管放置、灌肠和导尿等操作方法。

【实训内容】

8.1 常规药物配制

动物药品种类繁多、剂型多样、给药方式和使用方法也各不相同，在给药前需要根据医生处方进行药物配制，并注意有无配伍禁忌。

8.1.1 常规药物配制

①在配制药物前，应首先将药物数量、种类、规格与医生处方单/治疗单和动物信息（如动物种类、动物名字和主人姓名等）进行核对，确认无误后，方可进行配药。

②按照处方依次配制药物，口服类药物通常不需要特别配制，但要再次核对药物种类、规格和数量。注射类和静脉输液类药物，则应按照处方剂量，抽取到注射器/输液袋（瓶）中。在配制药品时，要严格执行无菌操作，注意药品规格与用药剂量之间的换算。

③配药后需要再次核对，确认无误，将本次给药的所有药物放置到一个容器中。

④特殊病例对给药顺序有特别要求的，要对给药顺序做好标识。

⑤对于交给动物主人带回的药物，需要在药品包装袋上标注好药名、给药剂量、给药方式和储藏方式，并告知动物主人。

8.1.2 常见药物配伍禁忌

配伍禁忌是指两种以上药物混合使用或药物制成制剂时，发生体外的相互作用，出现使药物中和、水解、破坏失效等理化反应，这时可能发生浑浊、沉淀、产生气体及变色等外观异常的现象。有些药物配伍使药物的治疗作用减弱，导致治疗失败；有些药物配伍使副作用或毒性增强，引起严重不良反应；还有些药物配伍使治疗作用过度增强，超出机体耐受范围，也可引起不良反应。根据药物配伍反应方式的不同，配伍禁忌分为物理性、化学性和药理性三种。表8-1列出了常用兽药配伍禁忌，仅供参考。近年来，随着新药种类的日益增多，药物配伍也日趋复杂，工作人员应参考《中国兽药典》、药品说明书和最新版《药物注射剂配伍禁忌应用检索表》，科学合理地使用药物。

表8-1 常用兽药配伍禁忌

类别	药物	配伍药物	配伍结果
防腐消毒药	含氯石灰	酸类	分解放出氧
	乙醇	氧化剂、无机盐等	氧化、沉淀
	硼酸	碱性物质、鞣酸	生成硼酸盐，药效减弱
	碘及其制剂	氨水、铵盐类	生成爆炸性碘化氮
		重金属盐	沉淀
		生物碱类物质	析出生物碱沉淀
		淀粉	呈蓝色
		龙胆紫	药效减弱
		挥发油	分解失效
	阳离子表面活性消毒剂	阴离子，如肥皂类、合成洗涤剂	作用相互拮抗
		高锰酸钾、碘化物	沉淀
	高锰酸钾	氨及其制剂	沉淀
		甘油、酒精	失效
		鞣酸、甘油、药用炭	研磨时爆炸
	过氧化氢溶液	碘及其制剂、高锰酸钾碱类、药用炭	分解、失效
	过氧乙酸	碱类，如氢氧化钠、氨溶液	中和失效
	氨溶液	酸及酸性盐	中和失效
		碘溶液碘酊	生成爆炸性碘化氮
抗生素	青霉素	酸性药液，如盐酸氯丙嗪、四环素类抗生素的注射液	沉淀、分解失效
		碱性溶液，如磺胺药、碳酸氢钠注射液	沉淀、分解失效
		高浓度酒精、重金属盐	破坏失效
		氧化剂，如高锰酸钾	破坏失效
		快效抑菌制，如四环素氯霉素	疗效减低

（续）

类别	药物	配伍药物	配伍结果
抗生素	红霉素	碱性溶液，如磺胺药、碳酸氢钠注射液	沉淀、析出游离碱
		氯化钠、氯化钙	浑浊、沉淀
		林可霉素	出现拮抗作用
	链霉素	较强的酸、碱性溶液	破坏、失效
		氧化剂、还原剂	破坏、失效
		依他尼酸	肾毒性增大
		多黏菌素E	骨骼肌松弛
	四环素类，如四环素、土霉素、金霉素、盐酸多西环素	中性及碱性溶液，如碳酸氢钠注射液	分解失效
		生物碱沉淀剂	沉淀、失效
		阳离子（一价、二价或三价离子）	形成不溶性难吸收的络合物
	氯霉素	铁剂、叶酸、微生物B_{12}	抑制红细胞生成
		青霉素类抗生素	疗效减低
	头孢菌素Ⅱ	强效利尿药	增大肾脏毒性
合成抗菌药	磺胺类药物	酸性药物	析出沉淀
		普鲁卡因	疗效降低或无效
		氯化铵	增加肾脏毒性
	氟喹诺酮类药物，如诺氟沙星、环丙沙星、氧氟沙星、洛美沙星等	氯霉素、呋喃类药物	疗效减低
		金属阳离子	形成不溶性难吸收的络合物
		强酸性药液或强碱性药液	析出沉淀
抗蠕虫药	左旋咪唑	碱类药物	分解、失效
	敌百虫	碱类、新斯的明、肌松药	毒性增强
	硫氯酚	乙醇、稀碱液、四氯化碳	增强毒性
抗球虫药	莫能菌素、盐霉素、马度米星	泰妙菌素、竹桃霉素	抑制动物生长，甚至中毒死亡
麻醉药与保定药	戊巴比妥钠	酸类药液	沉淀
		高热、久置	分解
	苯巴比妥钠	酸类药液	沉淀
	普鲁卡因	磺胺药	疗效减弱或失效
		氧化剂	氧化、失效
	琥珀胆碱	氯丙嗪、普鲁卡因、氨基糖苷类抗生素	肌松过度
	赛拉唑	碱类药液	沉淀

（续）

类别	药物	配伍药物	配伍结果
镇静药	氯丙嗪	碳酸氢钠、巴比妥类钠盐	析出沉淀
		氧化剂	变红色
	溴化钠	酸类氧化剂	游离出溴
		生物碱类	析出沉淀
	巴比妥钠	酸类	析出沉淀
		氯化铵	析出氨、游离出巴比妥酸
中枢兴奋药	尼可刹米	碱类	水解、混浊
镇痛药	哌替啶	碱类	析出沉淀
自主神经药	硫酸阿托品	碱性药物、碘及碘化物、硼砂	分解或沉淀
	肾上腺素、去甲肾上腺素等	碱类、氧化物、碘酊	易氧化变棕色失效
		三氯化铁	失效
		洋地黄制剂	心律不齐
健胃与助消化药	胃蛋白酶	强酸、强碱、重金属盐、鞣酸溶液	沉淀
	乳酶生	酊剂、抗菌剂、鞣酸蛋白、铋制剂	疗效减弱
	干酵母	磺胺类药物	疗效减弱
	稀盐酸	有机酸盐和水杨酸钠	沉淀
	人工盐	酸性药液	中和、疗效减弱
	胰酶	酸性药物，如稀盐酸、乙酸等	疗效减弱或失效
	碳酸氢钠	酸及酸性盐类	中和失效
		鞣酸及其含有物	分解
		生物碱类、镁盐、钙盐	沉淀
		碱式硝酸铋	疗效减弱
祛痰药	氯化铵	碳酸氢钠、碳酸钠等碱性药物	分解
		磺胺药	增强磺胺肾毒性
	碘化钾	酸类或酸性盐	变色游离出碘
强心药	毒花毛苷K	碱性药液，如碳酸氢钠、氨茶碱	分解失效
	洋地黄毒苷	钙盐	增强洋地黄毒性
		钾盐	对抗洋地黄作用
		酸或碱性药物	分解、失效
		鞣酸、重金属盐	沉淀
止血药	肾上腺素色腙	脑垂体后叶素、青霉素G、盐酸氯丙嗪	变色、分解、失效
		抗组胺药、抗胆碱药	止血作用减弱

（续）

类别	药物	配伍药物	配伍结果
止血药	酚磺乙胺	磺胺嘧啶钠、盐酸氯丙嗪	浑浊、沉淀
	亚硫酸氢钠甲萘醌	还原剂、碱类药液	分解、失效
		巴比妥类药物	加速维生素 K_3 分解失效
抗凝血药	肝素钠	酸性药液	分解、失效
		碳酸氢钠、乳酸钠	加强肝素钠抗凝血
	枸橼酸钠	钙制剂，如氯化钙、葡萄糖酸钙	作用减弱
抗贫血药	硫酸亚铁	四环素类药物	妨碍吸收
		氧化剂	氧化变质
平喘药	氨茶碱	酸性药液，如维生素C、四环素类药物、盐酸氯丙嗪等	中和反应，析出茶碱沉淀
	麻黄素（碱）	肾上腺素、去甲肾上腺素	增强毒性
泻药	硫酸钠	钙盐、钡盐、铅盐	沉淀
	硫酸镁	中枢抑制药	增强中枢抑制作用
利尿药	呋塞米（速尿）	氨基糖苷类，如链霉素、卡那霉素、新霉素、庆大霉素、头孢噻啶	增强耳毒性和肾毒性
		骨骼肌松弛剂	骨骼肌松弛加重
脱水药	甘露醇、山梨醇	生理盐水或高渗盐	疗效减弱
糖皮质激素	泼尼松、氢化可的松、泼尼松龙	苯巴比妥钠、苯妥英钠	代谢加快
		强效利尿药	排钾增多
		水杨酸钠	消除加快
		降血糖药	疗效降低
性激素与促性腺激素	促黄体素	抗胆碱药、抗肾上腺素药、抗惊厥药、麻醉药、安定药	疗效降低
	绒促性素	遇热、氧	水解、失效
影响组织代谢药	维生素 B_1	生物碱、碱	沉淀
		氧化剂、还原剂	分解、失效
		氨苄西林、头孢菌素Ⅰ和Ⅱ、氯霉素、多黏菌素	破坏、失效
	维生素 B_2	碱性药液	破坏失效
		氨苄西林、头孢菌素Ⅰ和Ⅱ、氯霉素、多黏菌素、四环素、金霉素、土霉素、红霉素、链霉素、卡那霉素、林可霉素	破坏灭活

（续）

类别	药物	配伍药物	配伍结果
影响组织代谢药	维生素C	氧化剂、碱性药液如氨茶碱	破坏、失效
		钙制剂如氯化钙	沉淀
		氨苄西林、头孢菌素Ⅰ和Ⅱ、氯霉素、多粘菌素、四环素、金霉素、土霉素、红霉素、链霉素、卡那霉素、林可霉素	破坏、灭活
	氯化钙	碳酸氢钠、碳酸钠溶液	沉淀
	葡萄糖酸钙	碳酸氢钠、碳酸钠溶液、水杨酸盐、苯甲酸盐溶液	沉淀
解热镇痛药	阿司匹林	碱类药液，如碳酸氢钠、氨茶碱、碳酸钠等	分解、失效
	水杨酸钠	铁等金属离子制剂	氧化、变色
	安乃近	氯丙嗪	体温剧降
	氨基比林	氧化剂	氧化、失效
解毒药	碘解磷定	碱性药液	水解为氰化物
	亚硝酸钠	酸类	分解成亚硝酸
		碘化物	游离出碘
		氧化剂、金属盐	被还原
	亚甲蓝	强碱性药物、氧化剂、还原剂及碘化物	破坏、失效
	硫代硫酸钠	酸类	分解、沉淀
		氧化剂，如亚硝酸钠	分解、失效
	依地酸钙钠	铁制剂，如硫酸亚铁	干扰作用

注：氧化剂：漂白粉、过氧化氢、过氧乙酸、高锰酸钾；还原剂：碘化物、硫代硫酸钠、维生素C等；重金属盐：汞盐、银盐、铜盐、锌盐等；酸类药物：稀盐酸、硼酸、鞣酸、乙酸、乳酸等；碱类药物：氢氧化钠、碳酸氢钠、氨水等；有机酸盐类药物：水杨酸钠、醋酸钾等；生物碱类药物：阿托品、安钠咖、肾上腺素、毛果芸香碱、氨茶碱、普鲁卡因等；生物碱沉淀剂：氢氧化钾、碘、鞣酸、重金属等。

引自：邱深本，《动物药理》（第3版），2020。

8.2 给药方式

在小动物临床中，常用的给药方式有内服给药、注射给药、直肠给药和其他给药方式等，下面将对这些给药方式进行介绍。

8.2.1 内服给药

内服给药的剂型通常分为片剂、胶囊、粉剂和液体等。

PART 8 治疗室

8.2.1.1 片剂或胶囊内服给药

若药物适口性好或动物不抗拒,可将药物置于日粮或零食中,让动物自行采食。若药物适口性不佳或挑食的动物以及食欲不振的动物,需要人工给药。操作如下:首先将药片或胶囊放在喂药器上,动物站立保定,嘴部抬高,给药人左手打开动物口腔,右手持喂药器伸入动物舌根处,将药片或胶囊推入口腔,立即闭合动物口腔,轻抚动物颈部,有助于动物吞咽。当动物舌尖伸出牙齿之间出现吞咽动物或用舌舔鼻时,说明已将药物吞下(图8-1)。

内服给药

图8-1 内服给药(片剂或胶囊)

8.2.1.2 液体或粉剂内服给药

液体内服给药包括动物用的糖浆类、催吐药、能量药物、液体造影剂等。操作如下:将药物抽取到注射器中或吸入滴管中,动物自然站立,嘴部稍抬高。给药人左手打开动物一侧嘴角,将注射器或滴管置于上下齿龈之间,将药物缓慢注射到动物口腔内。如果单次给药量较大,可分次给药,每次给药后给予动物充分的吞咽时间。如果动物比较抗拒,药物可能会进入气管引起动物咳嗽,此时应该停止给药,让动物平复后再给药。粉剂药物若适口性较好,可与日粮或罐头类食品混合,让动物自行采食。若动物抗拒主动采食,可将粉剂溶于水中,参考液体内服给药的方式进行给药(图8-2)。

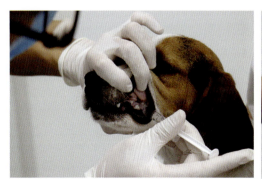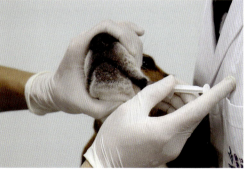

图8-2 液体内服给药

8.2.2 注射给药

注射给药是指使用无菌注射器或输液器将药液直接注入动物组织内、体腔或血管内的给药方法。兽医临床常用的注射给药方法有皮下注射、肌内注射、静脉注射和腹腔注射等。在注射时要遵守无菌操作原则，防止感染。

8.2.2.1 皮下注射

皮下注射是将药液注射于皮下结缔组织内，经毛细血管、淋巴管吸收进入血液，发挥药效而达到防治疾病的目的。凡是易溶解、无强刺激性的药品及疫苗、血清等均可做皮下注射。犬、猫皮下注射部位多选择在皮肤较薄、富有皮下组织、活动性较大的颈部、肩胛后部、背胸部、腰背部等部位。操作如下（图8-3）：根据注射药量的多少，选择相应规格的注射器，准确抽取药液，排空气泡。动物保定确实后，注射人员左手提起皮肤形成褶皱并显露皮肤，用酒精棉球对皮肤表面进行消毒，右手将注射器从皱褶基部的陷窝处刺入皮下，刺入皮肤后有落空感，左手把持针头连接部，右手抽吸无回血即可注射药液，注射完毕后左手持干棉球按压注射部位，右手拔出针头。如注射大量药液时，可分点注射。

皮下注射

8.2.2.2 肌内注射

肌内注射是指将药物注入肌肉中，肌肉内血管丰富，药液吸收速度较快，是临床上较常用的给药方法。肌肉内感觉神经较少，疼痛感轻微。刺激性较强和较难吸收的药液，进行血管内注射而有副作用的药液，油剂、乳剂等不能进行皮下或血管内注射的药液，均可进行肌内注射。犬、猫注射部位通常选择肌肉丰满、神经和血管较少的部位，如背侧腰肌、肱三头肌、股四头肌和股后肌群。操作如下（图8-4）：准备好药液，动物保定确实。操作人左手拇指和其余四指轻压注射部位，皮肤常规消毒，右手持注射器以45°~90°的角度快速刺入肌肉1~2 cm，保持注射器不动，回抽针栓确认无回血后缓慢注入药液，如有血液回流，则更换注射点。注射完毕，左手持酒精棉球按压针孔部，迅速拔出针头。

肌内注射

图8-3 皮下注射

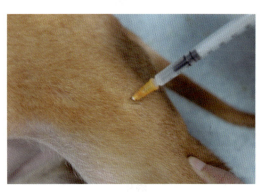

图8-4 肌内注射

8.2.2.3 静脉注射

静脉注射是将药物直接注入静脉内,主要用于大量的输液、输血或急救,或注射药物有较强的刺激作用而不能皮下或肌内注射,只能通过静脉给药才能发挥药效的药物。犬静脉注射一般在头静脉和外侧隐静脉,猫静脉注射一般在头静脉、内侧隐静脉和股静脉。目前,兽医临床诊疗中,犬、猫静脉注射一般通过静脉留置针进行给药。

(1)留置针放置与护理 静脉留置针可以分为开放式和密闭式两种(图8-5)。开放式留置针由金属的不锈钢针芯、软管、针管护套和塑料针座组成,由于针座末端是开放的,当拔出金属针芯时应快速旋紧肝素帽;密闭式留置针除以上结构,还包括白色隔离塞、延长管、止流夹、彩色三通、白色保护帽和肝素帽。留置针型号的选择应根据犬、猫的年龄、种类、体型、静脉条件、皮肤情况和治疗方案综合选择,留置针软管的直径不超过静脉血管直径的1/2。也可参考表8-2,根据动物体重选择留置针型号。

留置针放置

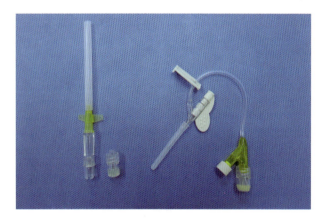

图8-5 开放式与密闭式留置针

表8-2 犬、猫体重与留置针型号对应表

体重	留置针型号/G
猫或犬小于10 kg	22~24
中型犬	20~22
大型犬	18~20

引自:Hilary Orpet, Perdi Welsh, *Handbook of Veterinary Nursing*, 2nd edition, 2011.

① 留置针的放置:

a. 准备所需物品:剃毛器、止血带、酒精棉球、干棉球、留置针、肝素帽、注射器、胶带、自粘弹力绷带、封管液(10 U/mL 肝素或生理盐水)等。如果使用的是封闭式留置针,需提前用生理盐水排空延长管内的空气。

b. 动物保定确实,穿刺部位剃毛,在穿刺点上方扎止血带,或由保定助手按压近心端,使血管充盈,酒精棉球以穿刺点为中心消毒皮肤,待其自然干燥。去除留置针针套,穿刺者左手固定血管,右手持针柄,钢针斜面向上,以 30°~45° 的角度刺入皮肤,再以 15°~30° 的角度刺入血管;回血后以 5°~10° 的角度沿血管向前推进 0.5 cm 左右,保证钢针和软管均在血管内,随后保持金属针芯不动,缓慢将留置针软管全部推至血管内;松开止血带,固定软管,撤出钢针,如果是封闭式留置针则需要用注射器回抽看有无血液回流,以确保软管位于血管内；如果是开放式留置针，观察有血液回流后，在留置针末端旋紧肝素帽（图8-6）。

c. 使用胶带将留置针缠绕固定在肢体上，胶带外用自粘弹力绷带固定，一般3~4圈，注意松紧要适宜。封闭式留置针的延长管可固定在肢体外侧，肝素帽应高于穿刺部位。留置针放置好后或当天输液结束后，应及时封管。将1~2 mL封管液以脉冲式冲管法，即用力推一下停一下，边拔针边快速推注封管液，使推药速度大于拔针速度。

图8-6　开放式（上排）与密闭式（下排）留置针放置

② 留置针的护理：

a. 动物放置留置针后应佩戴伊丽莎白项圈，防止动物啃咬造成留置针脱落、出血或感染等。每天输液完成后，应立即用封管液封管。每天输液前，首先使用输注液以脉冲的方式进行冲管，若冲管困难则说明留置针可能堵管，若留置针上方皮肤鼓起则说明留置针已不在血管内，这两种情况均需要重新放置留置针。每天至少检查动物肢体2次，如出现肢体远端肿胀则代表留置针固定过紧，需拆除后重新固定。

b. 留置针原则上最多可留置3天，放置时间延长会增加感染和脉管炎的风险。如果动物需要的输液天数大于3天，则需要在拆除旧的留置针后，在新的位置重新放置留置针。拆除留置针时，去除自粘弹力绷带，撕下胶带，常规消毒皮肤和穿刺点，用干棉球压在穿刺点，拔出留置针，继续按压穿刺点3~5 min至不出血。

（2）静脉输液　输液治疗的目的是补充丢失体液，维持机体水和电解质平衡，保证细胞和器官的正常功能。临床常用于静脉输液治疗的补充液通常分为晶体液、胶体液、全血和血液制品三类。表8-3列出了常用补充液的成分及适应症。晶体液是一组以钠离子为基础的电解质溶液，其溶质为小分子物质，使毛细血管内外具有相同的晶体渗透压，主要用于补充机体水分丢失及维持电解质平衡；胶体液含有大分子，其为高渗溶液，可将组织

表 8-3 静脉输液常用补充液成分及适应症

液体种类	类型	组分	适应症
0.9% 氯化钠	晶体	Na^+、Cl^-	碱中毒、呕吐、泌尿道阻塞、肝脏疾病
5% 葡萄糖	晶体	葡萄糖	单纯性失水
糖盐水	晶体	葡萄糖、Na^+、Cl^-	维持体液
林格氏液	晶体	Na^+、Cl^-、K^+、Ca^{2+}	子宫积脓、严重呕吐
乳酸林格氏液	晶体	Na^+、Cl^-、K^+、Ca^{2+}、乳酸盐	腹泻、酸中毒、内分泌疾病
血浆	胶体	Na^+、Cl^-、K^+、乳酸盐	重建循环容量
右旋糖酐	胶体	Na^+、Cl^-、葡萄糖	重建循环容量
全血	全血	全血	大量失血、严重贫血、需要提供血小板或凝血因子等

间隙和细胞内的水分渗透进血浆，常用于扩充血容量或用于休克等心血管系统需要快速改善等情况；全血主要用于大量失血、严重贫血或需要提供血小板或凝血因子等情况。

医师助理根据医生处方配制药液，在药瓶标签上注明动物信息和加入药物的种类或数量等。将输液瓶挂在输液架上，打开输液管，先将滴壶倒置，将输液管插入输液瓶，待滴壶液体达到 1/2~2/3 时，迅速倒转滴壶，待液体流入头皮针处即可关闭调节夹，检查确认输液管内无气泡。如使用输液泵，可将输液管连于输液泵上（图8-7），设置好输液量和输液速度等参数。如动物已提前放置好留置针，用酒精棉球消毒肝素帽表面，用注射器抽取 2 mL 输注液体采用脉冲式注入留置针内，确认留置针通畅后，将头皮针插入肝素帽内，开启输液泵，确认可正常输注液体后，用胶带将头皮针的延长软管固定在肢体上。输液过程中，应经常巡视，及时更换输液瓶，观察动物的反应，如有异常及时处理。待输液结束后，按住肝素帽拔出头皮针，并立即用封管液封管。

8.2.2.4 腹腔注射

腹腔注射是将药物直接注入患病动物腹膜腔中的给药方法。腹膜内有丰富的毛细血管和淋巴管，当腹膜腔内有少量积液、积气时可被完全吸收。利用腹膜这一特性，可将药液直接注入腹膜腔内，经腹膜吸收进入血液循环，适用于治疗腹腔脏器疾病、循环系统障碍及静脉注射有困难（如患病动物过小）等病例。腹腔注射常选在耻骨前缘与脐之间腹正中线两侧。操作如下：准备好输注药液，动物仰卧保定，保持前低后高体位，前后肢分别向前向后伸展，腹底部充分暴露。局部常规消毒，手持注射器或头皮针针头，于耻骨前缘腹正中线旁侧垂直刺入皮肤并缓慢推进针头，当手感针头阻力消失时，表明针头已进入腹腔。此时可回抽注射器，判断是否刺入器官或者血管。若无尿液和血液，提示未伤及肝、肾、膀胱等脏器，可继续进行注射（图8-8）。进行腹腔注射时，药液温度一般维持在 37~38 ℃，温度过低可能引起胃肠痉挛或产生腹痛。配制的药液应为等

图 8-7 输液泵

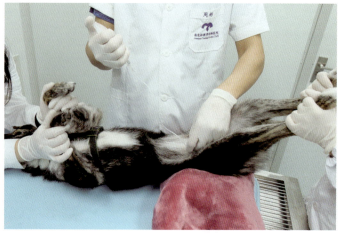
图 8-8 犬腹腔注射

渗液或低渗,以便于药液经腹膜吸收。

8.2.3 直肠给药

直肠给药是将栓剂或液体制剂插入或注入直肠,药物通过肠道吸收进入血液循环。操作如下(图 8-9):准备好所要给予的药物,动物站立保定。操作者佩戴手套,左手握住尾根并向上抬举,使肛门显露,在肛周涂抹液体石蜡或凡士林软膏,右手手指夹持药栓按入肛门并用食指向直肠深部推入,待犬、猫肛门不再努责时,轻轻滑出食指。如果药物为液体,可参考 8.3.3 灌肠的方法向直肠内注入药物,导管一般插入直肠内 5~10 cm,注入的药液应与体温一致,且无刺激性。

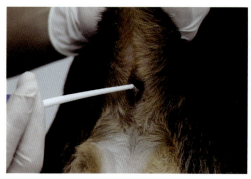 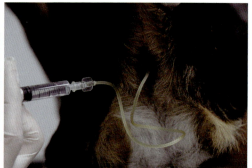

图 8-9 直肠给药

8.2.4 滴眼

眼科常用药物剂型有液体、凝胶或软膏,使用时需要将药物直接滴在或涂抹于角膜或结膜表面。操作如下(图 8-10):动物站立保定,操作者一手放于动物头部,用拇指和食指撑开眼睑,另一只手持药瓶向角膜表面滴入药物 2~3 滴。也可以将下眼睑向外侧牵

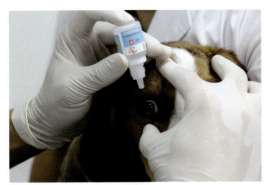 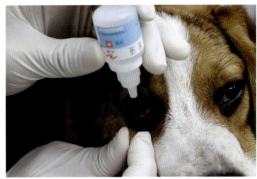

图 8-10 滴眼药水

拉形成一个囊袋,将药物滴入囊袋内,然后使动物自然闭上眼睛。动物自然眨眼可以使药液均匀分布于眼球。滴入眼药后要注意看管好动物,以免动物感觉不适抓挠眼部,必要时可以佩戴伊丽莎白项圈。

8.2.5 滴鼻

滴鼻是将药物滴入鼻腔内,是一种局部用药的方式。操作如下(图 8-11):动物站立保定,操作者用左手固定动物的头部并抬起,使动物口鼻朝上,右手持药物对准鼻孔,向鼻孔内滴入药物 2~3 滴,保持口鼻向上的姿势 2~3 min,使药物均匀分布于鼻腔中,松开动物头部。

8.2.6 雾化给药

雾化给药是小动物临床治疗犬、猫呼吸道疾病的常用方法。雾化给药需要借助超声波雾化器,其原理是通过电子振荡电路,由晶片产生超声波,通过介质水作用于药杯,使杯中的水溶性药物变成极其微小的雾粒,通过呼吸道进入毛细血管或肺泡发挥治疗作用。雾化给药的适应症是呼吸系统疾病,包括感染性疾病、呼吸道炎症和气管支气管狭窄等,主要通过促进呼吸道黏膜纤毛对异物、分泌物、黏液和炎性产物等的清除发挥作用。雾化给药的优点是直接将药物输送到呼吸道,药物起效快,且可以降低全身用药的副作用,减少用药剂量。常用的治疗药物有抗菌药、抗病毒药、糖皮质激素和祛痰止咳剂等,一般按常规给药剂量加入药液 10~15 mL,雾化治疗 10~15 min,可取得明显疗效。其操作如下:雾化器水槽中加入蒸馏水(15~35 ℃为宜)至刻度线,此时可见槽内浮子浮起。将配制好的药物注入药杯,放入水槽,盖上杯盖,连接波纹管及面罩。打开雾化开关,稍等片刻即可见有雾状药液喷出,调整出雾量和雾化时间。动物站立保定,将面罩罩于口鼻处,开始雾化治疗(图 8-12)。治疗结束后,取下面罩,关闭雾化机和电源,倒掉水槽中的水,清洗擦干雾化机。若动物抗拒使用面罩给药,也可以将动物置于吸氧仓或监护箱内,并给予雾化药物。

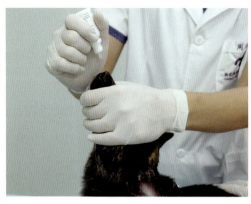
图 8-11 滴鼻

图 8-12 雾化给药

8.3 治疗室其他常见处置

在治疗室，除了药物配制和给药外，还经常需要给动物进行创伤处置、耳道清洁、肛门腺清理、导尿、灌肠和放置饲管等。

8.3.1 清理肛囊

犬肛囊位于肛门两侧类似钟表 4 点和 8 点的位置，其壁分布腺体，为肛门腺，分泌腺液，储存于肛囊，并随肛门括约肌的运动，通过肛囊管排出。当肛囊管阻塞或者肛囊发炎时，肛囊易肿胀，形成肛囊炎，严重者可导致破溃（图 8-13）。故平时应加强对肛囊的护理。

清理肛囊

图 8-13 德国牧羊犬肛囊炎致肛周瘘管

8.3.1.1 材料

一次性使用检查手套、抗生素软膏、纸巾等。

8.3.1.2 肛囊清理方法

犬正常站立保定，一般不需要麻醉。操作者戴检查手套，左手持犬尾根并上提，右手食指涂布润滑油或者抗生素软膏，通过肛门伸入直肠，手心内留置纸巾。然后通过食指和拇指的相向运动，感知肛囊位置，并用力挤压肛囊，使肛囊内残留的污物通过肛囊管排出，并留置在纸巾上，同样的方法清理另一侧肛囊（图 8-14）。

8.3.2 洗耳及耳道给药

犬、猫的耳道毛发较多，部分动物耳郭下垂，容易发生细菌、真菌或耳螨感染等，导致耳部发炎，轻者为外耳道炎，严重者可能波及中耳和内耳。因此，需定期对耳部进行清

PART 8 治疗室

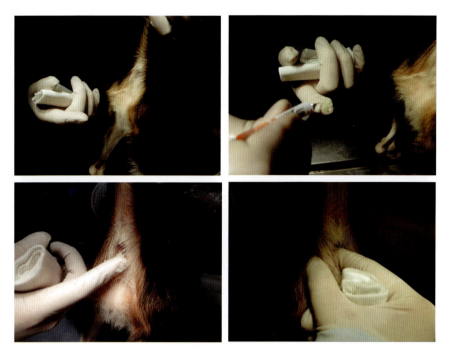

图 8-14 肛囊清理

理，保持耳道健康。

8.3.2.1 材料

一次性使用检查手套、检耳镜、无菌棉签、洗耳液、耳用药膏等。

8.3.2.2 外耳道清洗和用药方法

根据动物体型，动物可站立或侧卧保定，部分患有外耳道炎的犬、猫由于疼痛等反抗剧烈，可给予适量的镇静药物。眼观或使用检耳镜检查犬、猫的耳郭、耳道，必要时用无菌棉签采集耳道分泌物镜检[参见本书 6.6.1（4）耳道分泌物涂片]。若耳道内分泌物较多，可先用棉签清理耳郭和耳道，然后向垂直耳道滴入洗耳液 2~3 滴，遮盖耳郭并按摩耳根处 1~2 min，促进药液在耳道内扩散吸收。如耳郭内毛发较长，可剃除毛发后再使用洗耳液。用棉签清除耳道内分泌物，直至耳郭及耳道内无肉眼可见污物（图 8-15）。根据耳部患病

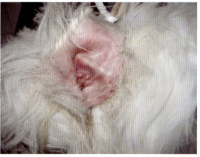

图 8-15 犬外耳道清洗前和清洗后外观

情况，在耳道和 / 或耳郭涂抹耳用药膏。

8.3.3 灌肠法

灌肠法是动物临床常用的一种诊疗方法，可用于消化道后段造影、便秘及部分阻塞性疾病。灌肠可刺激肠蠕动，促进硬结的粪便软化、易于排出，同时也可起到稀释肠内毒素的作用。此外，灌肠也可用来降低体温，常用于中暑或高热不退者的辅助治疗，也可进行药物和营养的支持治疗。现以临床治疗犬便秘为例，介绍灌肠的具体操作（图 8-16）。

8.3.3.1 材料

一次性使用检查手套、硅胶或者其他软质导管、2 mL 和 50 mL 注射器、量筒、灌肠剂（如开塞露等）、尿垫和液体石蜡等。

8.3.3.2 灌肠操作方法

将动物带至易于清扫的场地，如水泥地面等，地面可铺设尿垫或报纸。助手站立保定动物，保持前低后高体位，性情暴躁的动物可给予适量的镇静剂。操作者左手持动物尾根并上提，显露肛门区，右手用注射器抽取液体石蜡 1 mL，轻轻涂布肛门，并通过肛门注入直肠，让动物适应并起到润滑作用。将导管沿肛门缓慢插入直肠并行至降结肠，如遇阻力可注入少量温灌肠剂，并前后移动导管，将导管插至合适的位置，操作时动作要轻柔。将准备好的温生理盐水，通过导管注入，一般温水 10~20 mL/kg，也可辅以开塞露等灌肠剂，灌注完毕，拔除导管。牵遛动物，促进排便。如果 1~2 h 后，动物仍未排便，可重复操作一次（图 8-16）。

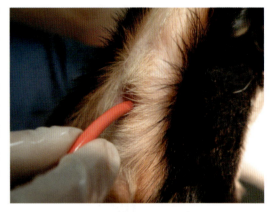

图 8-16　犬灌肠治疗

8.3.4 导尿

导尿是动物临床诊断和治疗常用的收集尿液和辅助治疗的方法，操作方法详见本书 6.3.1.3 导尿。

8.3.5 饲管放置

常见的饲管类型有鼻饲管和食道饲管。常用于消化系统功能正常，但由于口腔疾病、厌食症或者其他疾病导致食欲减退或者无法进食的患病动物。

8.3.5.1 鼻饲管放置

（1）鼻饲管放置所需材料　鼻饲管（根据动物进行型号选择）、镇静或麻醉药品、注射器、2% 利多卡因（或利多卡因凝胶）、润滑剂、医用胶布、持针钳、镊子、剪刀、缝线、纱布和自粘绷带等。

（2）鼻饲管放置方法　该方法常用于猫，猫取俯卧位，部分猫需进行镇静或麻醉。操作如下（图8-17）：首先取鼻饲管，测量鼻端至第7~8肋间的距离，并用胶布在管上进行标记。将猫鼻部上扬，滴入2%利多卡因2~3滴，等待3 min左右。将鼻饲管涂布利多卡因凝胶或者润滑剂，顺势插入麻醉的鼻孔，如遇阻力较大或者过度咳嗽应退回重新插入。插到标记刻度即可进行固定。一般可将鼻饲管通过胶布固定在鼻部背侧或者一侧的颊部，根据情况进行数针缝合固定。推注生理盐水检查无误后，可用纱布或者自粘绷带固定，并佩戴伊丽莎白项圈。

猫鼻饲管放置

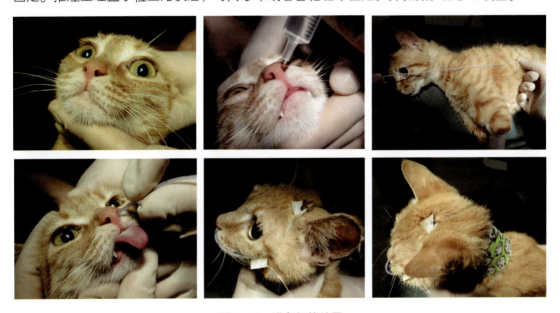

图8-17　猫鼻饲管放置

8.3.5.2　食道饲管放置

（1）食道饲管放置所需材料　胃饲管（根据动物进行型号选择）、麻醉药品及相关设备、剃毛器、皮肤消毒剂、弯止血钳、手术刀片、持针钳、镊子、剪刀、缝线、纱布和自粘绷带等。

（2）食道饲管放置方法　食道饲管放置需全身麻醉，插入气管插管，连接心电监护仪。以猫为例，操作如下（图8-18）：动物右侧卧保定，左侧颈部常规剃毛消毒。首先测量颈中部至第7~8肋间的长度，并在管上做好标记。取长弯止血钳通过口腔沿颈部食道向尾侧滑行，在颈中部将食道向左、向外顶起，使钳穿过食道和皮下组织。操作者持手术刀切开皮肤，暴露止血钳。止血钳口微开，夹住饲管，依据之前的标记将饲管的插入端牵引出口腔。然后，折转饲管并插入食道尾侧，检查饲管有无折叠，如果安放正确，饲管的近端会朝向头侧。用缝线将饲管固定在入口皮肤上，在饲管与皮肤周围涂布抗生素，外裹绷带包扎，佩戴伊丽莎白项圈。

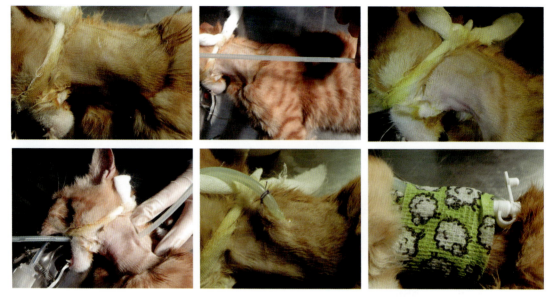

图 8-18 猫食道饲管放置

8.3.6 创伤的处置与换药

创伤是动物常见的外科疾病,按照伤后经历的时间分为新鲜创和陈旧创。新鲜创一般为伤后 12~24 h,创内组织轮廓仍可识别,虽污染,但无感染症状。陈旧创是创伤发生 24 h 以上,创内组织轮廓不清晰,并伴有明显的感染症状,如脓汁或出现肉芽组织等。根据创伤有无感染分为无菌创、污染创和感染创。无菌创通常指无菌条件下所做的手术创。污染创是指创伤部被细菌或者异物污染,但是进入创内的细菌并未侵入深部增殖,仅是机械性接触,也未呈致病作用。感染创则指创内的致病菌大量增殖,对机体呈现致病作用,局部组织出现感染症状或脓汁流出,严重者可引起机体的全身性病理反应。

8.3.6.1 材料

一次性使用医用无菌手套、无菌纱布、剃毛器、生理盐水、碘伏、注射器、灭菌手术器械、引流管、自粘绷带和药膏等。

8.3.6.2 创伤处理方法

创伤处置原则:非感染创应及时进行清创手术,并进行创口的缝合。感染创则进行清创手术,尽可能去除坏死失活组织,使污染创变为清洁创口,并进行部分缝合,合理引流。处置过程中应遵循无菌、无害和无遗留的原则。创伤处理前,根据动物创伤类型、创伤严重程度和创伤部位等具体情况,决定给动物进行镇痛、镇静或麻醉的方式。创伤处理操作如下(图 8-19):

(1)清洁创围 无菌纱布覆盖创面,用剃毛器清除创面周围的被毛,范围以距离创缘 5~10 cm 为宜,清理完毕后用碘伏以向心回的方式进行皮肤消毒。

 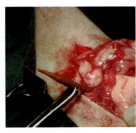 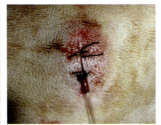 

图 8-19　创伤处理、引流及包扎

（2）清洗创面　移除覆盖纱布，用生理盐水冲洗创面，并去除创面的血凝块、异物及脓汁等，反复冲洗，直至清亮。如果创腔较深，应使用冲洗管，导至创底部，从内向外进行冲洗。

（3）清创术　采用外科手术方法去除坏死失活组织、血凝块、异物等，对于较深的创口，要注意消除创囊，必要时进行扩创，做好引流，保证排液通畅。创伤引流常用于创伤部，特别是创腔深、创道长且创内有坏死组织和潴留渗出液时，引流可将渗出物引出创腔，以利于创伤愈合。引流常采用一次性引流管或纱布条。引流时，需将引流管或者纱布条放置创底，另一端则游离于创口下，可接储液袋，保障引流通畅。同时，需记录引流放置的时间、引流液量，并根据引流的通常程度及时更换引流管或纱布条。

（4）创部用药　防治创部感染，加速创部净化，促进组织的再生和愈合。如抗菌药、抗生素软膏或魏氏流膏等。

（5）创伤缝合　对于新鲜创伤，创缘及创壁完整，且具有活力，经过彻底清创后，可实施密闭缝合，并注意观察，一旦出现创部肿胀、疼痛或者体温升高，应及时拆除部分缝线，进行创部处理和引流。新鲜污染或感染创伤，经清创后可实施部分缝合，消除创腔和死腔，并做合理引流。

（6）创部包扎　创伤处理结束，根据情况进行包扎。如果创部渗出液较多，且伴有大量脓汁，并有厌氧菌感染的风险，一般可不包扎，采取开放疗法。一般的新鲜创、污染创经清创手术后可进行包扎，保护创面，提供创部的安静、湿润和保温，利于创部的愈合。一般可选取无菌纱布覆盖并用自粘绷带进行包裹固定。包扎绷带的更换，应根据渗出物的多少、引流通畅性等进行更换，防止继发感染、损伤等。

8.3.7　包扎

包扎法是利用敷料、纱布绷带、自粘绷带、石膏绷带、玻璃纤维、脱脂棉、支架和纱布等材料达到包扎止血、保护创面、吸收创液、防止自我损伤和限制活动等目的。

8.3.7.1　包扎材料

常用的包扎材料包括创口敷贴、纱布块、脱脂棉、纱布绷带、胶带、自粘绷带等（图 8-20）。

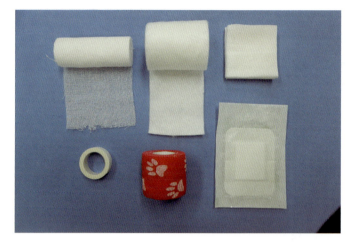

图 8-20 包扎用辅料

8.3.7.2 基本包扎方法（图 8-21）

（1）环形包扎法 该方法为其他包扎的起始和结尾，以及小创口的包扎。方法是在患部把卷轴绷带呈环形缠绕数周，每周盖住前一周，最后将绷带末端固定。现在，临床多以自粘绷带外裹固定。

（2）螺旋形包扎法 以螺旋方式，由下向上缠绕，后一圈遮盖前一圈的 1/3~1/2。用于掌部、跖部及尾部等部位的包扎。

（3）折转包扎法 用于上粗下细、粗细不一致的部位包扎。方法是由下向上做螺旋形

（a）环形包扎

（b）螺旋形包扎

（c）折转包扎

（d）蛇形包扎

图 8-21 基本绷带包扎

包扎，每一圈均应向下回折，每一圈遮盖前一圈的 1/3~1/2。

（4）蛇形包扎　斜行向上延伸包扎，各圈互不遮盖，用于固定外固定的衬垫材料。

（5）交叉包扎法　用于腕、跗和球关节等部位的包扎，利于关节屈曲和伸展。例如，包扎腕关节时，先在关节下方做一环形包扎，然后在关节前面斜向关节上方，在此处做一周环形包扎，然后再斜行经过关节前面至关节下方。如上操作至患部完全被包扎后，最后以环形包扎结束。

8.3.7.3　包扎举例

创伤包扎一般分三层。第一层直接与创面或皮肤接触，可以使用无菌敷贴或纱布，纱布容易与创面产生粘连，取下时可能对伤口产生二次撕裂，无菌敷贴可以快速吸收渗液，换药时不会破坏组织，避免疼痛，促进伤口愈合。第二层为吸收层，可以使用纱布卷轴绷带缠绕将第一层固定在动物肢体或身体上。如果是骨折类创伤，第二层可以先使用脱脂棉，其吸水性好、富有弹性，可以起到吸收创液和缓冲的作用，脱脂棉外层用纱布卷轴绷带固定。第三层为固定层，可以使用胶带或自粘绷带，用于保护第一和第二层绷带，自粘绷带防水，同时也可以防止动物啃咬。下面分别以肢体远端包扎和骨折外固定包扎来介绍包扎基本方法。

（1）肢体远端包扎　动物侧卧保定，如必要可镇静或麻醉，准备好包扎所用敷料。清创结束后，创面覆盖第一层敷料并用胶带固定在肢体上。肢体两侧用胶带相对粘好，胶带游离端暂时粘在一起。第二层用纱布卷轴绷带缠绕固定，将胶带游离端翻转粘贴在卷轴绷带外侧，可有效防止包扎脱落。第三层用自粘绷带缠绕固定，注意包扎松紧要适当（图 8-22）。

肢体远端包扎

（2）玻璃纤维绷带外固定　玻璃纤维绷带是一种由多层经聚氨酯浸透的玻璃纤维特制而成的高分子绷带，具有强度高、质量轻、可塑性好、防水性好、透气性好、硬化速度快、

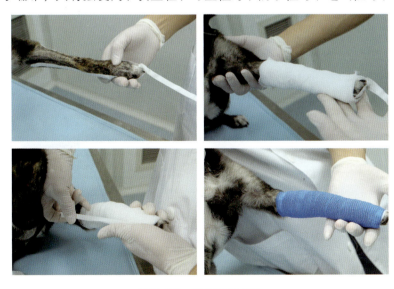

图 8-22　肢体远端包扎

玻璃纤维绷带外固定

可透 X 射线等优点，近年来已广泛应用于小动物临床，主要用于长骨骨折的外固定。使用玻璃纤维外固定操作如下（图 8-23）：动物一般需全身麻醉，侧卧保定。骨折断端整复后，首先在肢体两侧用胶带粘好，胶带游离端暂时粘在一起。肢体外侧套上一层衬垫，包扎范围应包含骨折断端相邻两个关节。用脱脂棉卷从肢体远端以环形包扎起始，螺旋向上缠绕，每一匝压住上一匝的 50%，并最终以环形终止，在关节突出部位可增加脱脂棉层数，将胶带游离端翻转粘贴在卷轴绷带外侧。操作者戴上手套，打开玻璃纤维绷带包装，将绷带在常温水中（约 20 ℃）浸泡 4~6 s，同时挤压 2~3 次，取出后挤出过多水分。将绷带从肢体远端开始向上缠绕，绷带硬度与重叠层数有关，非支撑部位重叠 3~4 层，承重部位重叠 5~6 层。将内侧衬垫和脱脂棉卷翻转，用玻璃纤维绷带压住衬垫游离端。缠绕结束后将绷带塑形，静置 10 min 待绷带硬化。拆除时，可使用电动石膏锯将绷带锯为两半即可。或在脱脂棉外层、玻璃纤维绷带内层、肢体的内外侧放置一根套有保护套的线锯，拆除时，拉动线锯即可将玻璃纤维分成两半拆除。

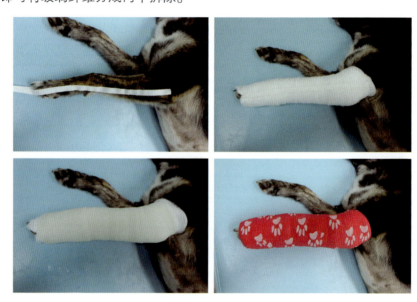

图 8-23　玻璃纤维外固定

8.3.7.4　包扎注意事项

①按包扎部位的大小、性状选择宽度适宜的绷带。

②包扎要求迅速确实，用力均匀，松紧适宜，过紧可能会影响包扎部位循环障碍，过松则包扎不牢容易脱落。包扎结束后，应每天观察肢体末端情况，如果出现肿胀应重新予以包扎。

③对四肢部的包扎应按静脉血流方向，从四肢下部开始向上包扎，以免因静脉回流障碍造成淤血。

第 9 章　手术室

一台手术的完成，涉及术前准备（包括人员、动物、设备、器械和敷料等的准备）、术中麻醉监护、紧急情况处理、术后手术室清洁与消毒、动物苏醒与护理等多方面的工作，需要术者、麻醉师、助理和一些辅助人员配合完成。手术室的实训内容包括从术前准备到术后护理的各个环节。

【实训目的】

（1）理解无菌术的原则，拥有无菌意识，能注意术前、术中和术后的各个无菌环节。

（2）正确准备手术包并灭菌，正确打开手术包，完成手术后器械的清洁与养护工作。

（3）协助麻醉师完成动物的麻醉、保定与监护，正确填写麻醉记录。

（4）正确完成动物术部的备皮与消毒。

（5）协助使用手术设备，如麻醉机、心电监护仪、内窥镜和高频电刀等，并能正确完成术后设备清洁与养护工作。

（6）协助完成术后手术室的清洁与消毒工作。

【实训内容】

9.1　手术室设计与功能划分

手术室是为动物提供外科手术的场所，是动物医院中对环境洁净度要求最高的地方。目前，国内动物医院虽然还没有手术室设计或建设规范，但越来越多的动物医院在建设手术室时会参考人医手术室的标准来进行设计。

9.1.1　手术室设计原则

常规以犬、猫为主要诊疗对象的动物医院，在设计建设动物医院时，应遵循以下原则：

①手术室应与影像室、住院部等邻近，便于手术动物的转运。

②手术室出入路线布局设计应符合功能流程与洁污分区要求。一般应设三条出入路线：手术人员、患病动物和器械敷料供应路线，三条路线互相独立。

③墙面和天花板需采用坚实、光滑、防锈、防火、防湿和易清洁的材料，如彩钢板，墙体连接采用圆弧形式。

④地面采用抗菌、耐磨、坚硬、光滑和易刷洗的材料,如聚氯乙烯(PVC)卷材。

⑤门应宽大、无门槛,便于平车进出,可采用脚感应自动平移门,避免使用推开门。

⑥动物医院手术室一般为正压洁净手术室,应安装通风过滤除菌装置,使空气净化。

⑦手术室应具有冷暖气调节设备,室内温度保持在24~26 ℃,相对湿度以50%左右为宜。

⑧手术室普通照明应安装在墙壁或房顶,手术照明灯应安装子母无影灯。

⑨条件许可时应采用多功能控制系统,该系统具有时钟、计时器、观片灯、净化空气、温湿度控制与调节、照明系统、医用气体报警和消防报警等多种功能。

9.1.2 手术室洁净分级

在人医,手术室空气净化程度根据国家标准《医院洁净手术部建筑技术规范》(GB 50333—2013)的规定分为5、6、7、8、8.5五个级别(ISO),分别对应百级、千级、万级、十万级和三十万级(中国标准),各级别划分标准见表9-1所列。

表9-1 手术部空气中悬浮粒子洁净度等级

空气洁净度等级		大于或等于表中粒径的最大浓度限制/(粒/L)	
ISO标准	中国标准	0.5 μm	5 μm
5级	百级	0.35~3.5	0
6级	千级	3.5~35.2	≤0.3
7级	万级	35.2~352	0.3~3
8级	十万级	352~3 520	3~29
8.5级	三十万级	3 520~11 120	29~93

根据该标准的规定,洁净手术部是由洁净手术室、洁净辅助用房和非洁净辅助用房等一部分或全部组成的独立的功能区域。采用空气净化技术,把手术环境空气中的微生物粒子及微粒总量降到允许水平的手术室,为洁净手术室。在洁净手术室中,需要特别保护的包括手术台及其四边外推一定距离的区域为手术区,除去手术区以外的其他区域为周边区。根据空态或静态条件下细菌浓度和空气洁净度,洁净手术室可分为Ⅰ、Ⅱ、Ⅲ、Ⅳ四个级别,每个级别对应的参考手术见表9-2所列。目前,国内已有动物医院参照该标准设计和建设手术室。

表 9-2　洁净手术室用房分级标准

洁净手术室等级	手术室名称	空气洁净度级别 手术区	空气洁净度级别 周边区	参考手术
Ⅰ	特别洁净手术室	5 级	6 级	假体植入、某些大型器官移植、手术部位感染可直接危及生命及生活质量等手术
Ⅱ	标准洁净手术室	6 级	7 级	涉及深部组织及生命主要器官的大型手术
Ⅲ	一般洁净手术室	7 级	8 级	其他外科手术
Ⅳ	准洁净手术室	8.5 级		感染和重度污染手术

9.1.3　手术室功能分区

动物医院手术室包括动物准备室、手术医生准备室、无菌手术室和术后复苏室。根据 GB 50333—2013 的规定，动物准备室、手术医生准备室和术后复苏室均属于洁净区内的洁净辅助用房，其洁净用房等级为Ⅳ级。无菌手术室则根据动物医院能够开展的手术类别选建不同等级的洁净手术室。

9.1.3.1　动物准备室

动物术前的准备工作包括放置留置针、麻醉、术部剃毛和清洁等，应在动物准备室完成。该房间应配有动物处置台、静脉留置针、麻醉药及急救药品、喉镜、气管插管、吸入麻醉机、氧气瓶/氧气供给接口、剃毛设备、水槽和吸尘器等。

9.1.3.2　手术医生准备室

手术医生进行洗手、更衣等术前准备的房间，应直接与无菌手术室相连。该房间应配有感应或脚踏式洗手池、手术洗手专用消毒皂液、置物架（用于放置口罩、帽子、手术刷和灭菌手套）、鞋架、更衣台等，方便医生进行术前更衣准备。

9.1.3.3　无菌手术室

给动物进行手术的区域，与动物准备室和手术医生准备室在空间上应有严格区分。在该手术室内的人员都应该穿着无菌的刷手服，直接参与手术的人员都应该佩戴口罩、手术帽、手术服和手套。该房间应具备动物手术台、无影灯、器械推车、送药车、吸入麻醉机、氧气瓶或氧气供给接口、观片灯、心电监护仪、脉搏血氧仪、输液泵、注射泵、电动手术吸引器、高频电刀、腹腔镜、手术显微镜等设备。其中，手术台应具有温控、液压升降、倾斜和Ｖ型槽设计；送药车可用于放置急救药品、各类型号手术缝线、不同规格注射器和敷贴等，便于手术期间取用（图 9-1）。

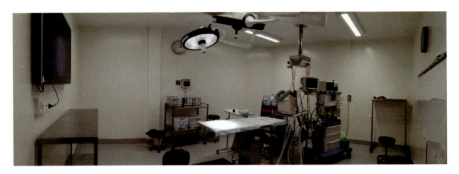

图 9-1　无菌手术室

9.1.3.4　术后复苏室

术后将动物转移至术后复苏室直至完全苏醒，该房间应具有心电监护、供氧、输液和急救药物等设施。一些小型动物医院可能会将术后复苏室设置在重症监护室或住院部内，动物由专人负责看护。

9.1.4　手术室工作制度

手术室是外科医师、麻醉师和助理等共同工作的场所，病例、病情复杂多样，为保证工作有序，手术室应制定相应操作规程和工作制度，才能保证手术的顺利进行。

①凡进入手术室的工作人员，必须穿戴手术室的鞋帽、口罩及衣服，离开手术室时，应更换外出衣物及鞋子。

②室内保持严肃安静，禁止高声喧哗，手术期间不得聊天、看报等。

③严格执行无菌操作技术。无菌手术和有菌手术应分室进行，特殊感染须进行特殊消毒灭菌处理。

④手术中保持最小的人员流动量，手术室内保持所需要的最小人员数量。

⑤建立手术中安全用药制度，加强特殊药品的管理，指定专人负责，防止用药差错。

⑥建立手术物品清点制度，有效预防动物在手术过程中的意外伤害，保证动物安全。

⑦手术室每24 h清洁消毒一次，连台手术之间，当天手术全部完毕后，应当对手术室及时进行清洁消毒处理。实施感染手术的手术室应当严格按照医院感染控制的要求进行清洁消毒处理。

⑧建立手术室环境监测、空气质量控制、环境清洁管理、医疗设备和手术器械的清洗消毒灭菌等措施，降低发生感染的风险。

⑨制定并完善各类突发事件应急预案和处置流程，快速有效应对意外事件，并加强消防安全管理，提高防范风险的能力。

⑩记录手术室工作日志。

9.2 手术器械的清洁与养护

手术器械可分为基础手术器械和特殊手术器械。基础手术器械包括：切割器械（如手术刀、手术剪等）、抓取器械（如手术镊等）、钳类器械（如止血钳、组织钳、创巾钳和海绵钳等）、持针器、牵引器和吸引器等；特殊手术器械包括：显微器械、腔镜器械、牙科器械、骨科和脑外科器械等。手术器械是兽医临床工作最重要的工具之一，其性能直接关系到手术的成败和动物的健康。因此，正确、专业地使用、清洗和消毒手术器械，可以更长久地保持手术器械良好的功能和使用价值。手术室应制定相应的手术器械管理制度，一方面充分满足手术的需要；另一方面延长手术器械使用寿命，降低医院运营成本。

9.2.1 手术器械管理制度

①手术器械管理应设专人负责，保管、申请领用，定期清点检查维护。
②手术室应设立器械专柜，手术器械按手术类别进行分类放置。
③建立手术类别与器械清单对照表，按清单准备相应器械包。
④择期手术，应在术前由器械助手或助理根据手术需要准备器械。
⑤手术室应准备一定数量的急诊器械包，以满足急诊手术的需要。
⑥严禁将手术器械拿出手术室挪为他用。
⑦精细器械使用时，应与普通器械分开放置以免损坏，与普通器械分类清洗、保养、灭菌和存放。
⑧器械发生损坏与丢失时，应及时报告并记录。

9.2.2 手术器械的清洁

手术器械的彻底清洗是保证灭菌效果的前提，是维护手术器械良好性能的重要环节。清洗的方法包括手工清洗和机械清洗。手工清洗的程序一般为浸泡、冲洗、手工刷洗、漂洗、烘干、保养和包装等（图9-2）。

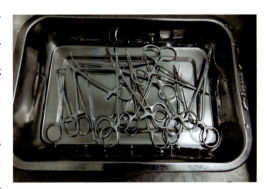

图9-2 手术器械的清洁

①浸泡：手术结束后，将所用的手术器械放入多酶清洗剂中浸泡5~10 min，使存留在器械表面和机械连接部位中的污物分解和软化，以便清洗。切忌直接浸泡在热水、酒精、消毒剂或防腐剂中，这样会使黏液、血液或其他体液发生凝固，影响下一步的清洗。

②刷洗：用流动的清水（切忌用生理盐水，以防其中的钠离子、氯离子的导电和腐蚀

作用）冲去肉眼可见的血污，冲洗过程中，需打开器械的各个关节，用毛刷彻底刷洗。刷洗操作应在水面下进行，防止产生气溶胶。

③若发现有手术器械生锈，可用毛刷蘸取专用除锈剂进行人工除锈处理。除锈结束后，可将这些手术器械再次放入多酶清洗剂中浸泡、冲洗，如果有超声波清洗机，也可将手术器械放入超声波清洗机中进行清洗（温度通常控制在 30~40 ℃）。

④清水再次漂洗后的金属器械应检查其光亮、洁净、轴节灵活性和有无生锈等。将器械关节打开，分类摆放在烘箱中，50 ℃左右烘干 2~3 h。

⑤手术器械干燥完毕后取出，认真核对检查，看其是否完好无损，根据用途检查功能，有关节的手术器械应检查关节活动性、咬合功能及咬齿情况，锐利的手术器械应测试其锐利性，有螺丝的手术器械要检查其完整性及有无松脱现象等。

⑥最后将检查好的手术器械按种类有序放于手术器械盒中或专用棉布包装以备灭菌。

如果进行的是感染类手术，如胃肠道切开或化脓创处理等，术后手术器械应首先浸泡于含氯消毒液中 30 min，流水冲洗后再进行如上清洁流程。

9.2.3　手术器械的保养

手术器械的性能直接关系到手术的成败，若长期搁置不进行保养，会缩短其使用寿命，因此器械负责人应定期对手术器械进行保养：

①手术器械应储存在相对湿度不超过 80%、温度无明显变化以及无腐蚀物质、灰尘和虫鼠等的仓储室内。

②用棉布或柔软的吸水毛巾擦拭器械表面灰尘，打开器械关节部分，在多酶清洗剂中浸泡 30 min，用清水冲洗干净。

③器械干燥后，用润滑油均匀涂抹器械，注意关节处一定要涂抹润滑油。

④上述步骤完成后，按器械种类有序放于手术器械盒中或专用棉布包装起来存放。贵重、精细手术器械应建立使用登记本，做好每次使用和保养记录。

9.3　手术包的准备与灭菌

常用的包装材料有全棉布、一次性无纺布、一次性复合材料（纸塑包装）和带孔金属容器等（图 9-3）。打包前仔细检查包装材料有无破损，棉布层数不少于两层，并保持包布完整、外观清洁干燥。对于一些特殊、备用的手术器械也可采用小包装、纸塑包装等延长保存期。金属器械与敷料要分开包裹，金属器械表面水分不易挥发，形成冷凝水使敷料潮湿。

9.3.1　手术器械包的准备

手术器械最好放在有孔的硬质容器内，外面再用布包，以便空气排出和蒸汽渗透，确

PART **9** 手术室

图 9-3 常用的手术包包装材料

保灭菌效果，避免损坏。同时，也可避免手术器械因搬运、挤压而损坏。被灭菌的器械必须保持清洁干燥，不能有血渍、油渍、锈渍和污渍等，性能良好。可闭合的器械在包装时应闭合器械并锁上第一个锁扣，以便蒸汽迅速接触器械的每一个部位。根据手术类别，可分别制定器械清单，如基础器械包、胃肠手术包、骨科器械包、眼科器械包、牙科器械包和显微外科包等。下面以基础器械包（表 9-3）为例，手术器械包的准备如图 9-4 所示。

手术器械包准备

表 9-3 基础器械包清单

器械名称	数量	器械名称	数量
灭菌包布	1 块	手术剪（直尖）	1 把
器械包布	1 块	手术剪（直钝）	1 把
不锈钢托盘	1 个	手术剪（弯尖）	1 把
不锈钢换药碗	1 个	止血钳（直）	4 把
洞巾钳	4 把	止血钳（弯）	4 把
手术刀柄	1 个	组织钳	2 把
手术镊（有齿）	1 个	持针钳	1 把
手术镊（无齿）	1 个	针盒	1 个
梅奥别针	1 个	灭菌指示卡	1 张

可以把有指环的器械用梅奥别针串在一起，把所需器械、换药碗和针盒等整齐摆放在托盘内，再放入一张灭菌指示卡［图 9-4（a）］。第一层用棉布包裹，按照图 9-4（b）～（f）

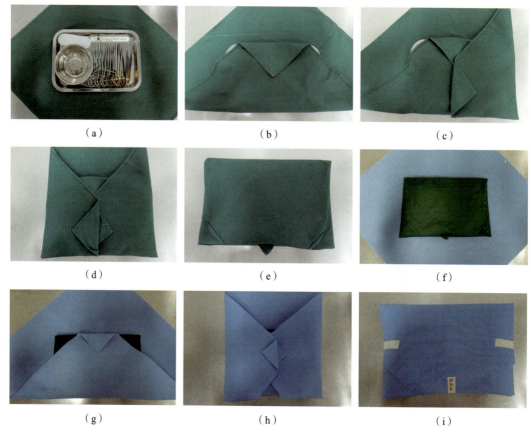

图9-4 手术器械包包裹方法

的图示将器械盘包好。包裹时,器械包布每个角注意翻折,下一个布角的翻折需压盖前一个布角的翻折处。第二层用医用无纺布材料进行包裹[图9-4(g)~(i)],包装的松紧度以捆扎至不松动散开为度,不可过紧。在外层包布粘贴灭菌指示胶带,并在胶带上注明器械包名称、操作人员姓名和灭菌日期等信息。骨科用钢针和钢丝可以装在特制的金属盒内,既可以防止包裹破损,又有利于不同尺寸钢针和钢丝的收纳。

9.3.2 手术辅料包的准备

手术中用到的敷料一般包括脱脂纱布、器械台布、手术单、手术洞巾、手术衣、口罩和手术帽等。目前,以上这些敷料均有一次性使用产品,但成本较高,可根据实际情况选购使用。纯棉的手术洞巾、手术单和器械台布布质柔软、舒适,价格便宜,可反复多次使用。下面以手术洞巾的打包方法为例,展示手术敷料包的准备方法。首先折叠洞巾(图9-5),将洞巾摊开,分别将左侧和右侧折叠到中线位置,继续向中线位置折叠至合适宽度。之后将洞巾的长轴对折并折叠2~3次,完成后洞朝上。将折叠好的洞巾放在第一层包裹棉布上,放一个灭菌指示卡,参考手术器械打包的方法依次进行第一层和第二层包裹。包裹结束后粘贴灭菌指示胶带,并注明敷料名称、操作人员名字和灭菌日期。

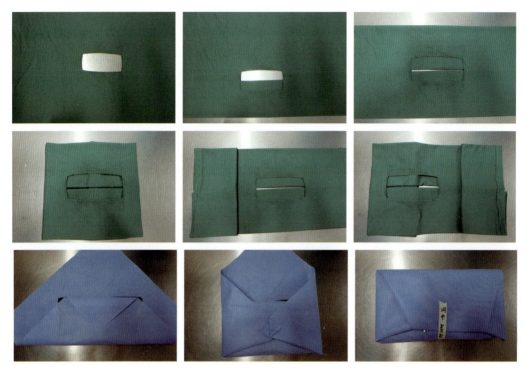

图 9-5　手术洞巾折叠及包裹方法

9.3.3　手术包灭菌

高压蒸汽灭菌是利用高温、高压杀死器械或物品上的一切微生物。其特点是杀菌可靠、经济、快速和灭菌效果好，主要适用于耐高温、高湿的医用器械和物品的灭菌，是目前动物医院手术包灭菌的主要方式。目前，国内广泛应用的高压灭菌锅多为下排式灭菌锅，根据容量大小可分为手提式、立式和卧式三种。

9.3.3.1　高压蒸汽灭菌锅操作方法

下面以立式全自动高压灭菌锅（图 9-6）为例，介绍具体使用方法：

①打开高压锅盖，取出灭菌篮，向高压锅内加入适量的水，水面与搁架相平为宜。

②放回灭菌篮，将包裹好的手术器械包或敷料包放入灭菌篮内，注意不要装得太挤，以免妨碍蒸汽流通而影响灭菌效果。

③接通高压锅电源，打开开关，将高压锅盖顺时针旋紧，此时显示屏上会显示"门关"。设置灭菌参数，常规手术器械和敷料灭菌一般在 0.1~0.137 MPa、121.6~126.6 ℃灭菌 30 min，即可达到灭菌要求。按"开始"键，高压锅依次经过"预热—加热—灭菌—冷却—完成"5 个阶段。

④高压结束后，待压力表的压力降至"0"时，按"停止"键，将高压锅盖旋松，此时显示屏会显示"门开"，打开灭菌锅盖，取出灭菌物品，关闭电源。

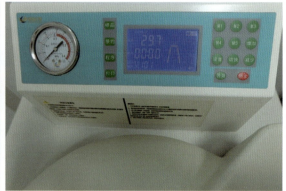

图 9-6　立式全自动高压蒸汽灭菌锅

9.3.3.2　高压蒸汽灭菌锅使用注意事项

高压蒸汽灭菌锅应严格按照操作规程来使用，并由专人负责，使用时注意以下事项：

①高压锅在使用前必须检查水位，水位不可过高也不可过低，严禁干烧。如果发现水中杂质较多，应及时清洁并更换新水。

②灭菌完成后等压力表指示为"0"、温度降至60℃以下时，才能打开灭菌锅盖，防止烫伤。

③每年应定期请有资质的检测部门对高压灭菌锅做一次全面系统的检查。

9.3.3.3　灭菌效果监测

灭菌效果监测是评价灭菌设备运转是否正常、消毒灭菌方法是否合理、消毒灭菌效果是否达标的唯一手段，在医院灭菌工作中至关重要。压力蒸汽灭菌化学指示卡是将热敏化学物质与显色剂及其辅料制成油墨，并将油墨印制在印有标准色块的特殊卡纸上。打包器械包或敷料包时，将化学指示卡置于包裹中心（即最难消毒的部位），饱和蒸汽使高压灭菌锅内达到要求的温度和时间后，指示色块由淡黄色变为灰黑色或黑色（图9-7），可判定该次灭菌处理成功。因此，每次包裹手术包均应在手术包的中央和最外侧放置灭菌指示卡/带，以检验灭菌效果。

图 9-7　灭菌指示卡

9.3.4　手术包存储

高压灭菌结束后，灭菌过程中水汽的冷凝会使包裹有轻微的潮湿。所有的器械和手术包裹应该在存储前放入烘干箱中，50 ℃左右烘干 2~3 h，烘干结束后。烘干好的手术包应存储在封闭的橱柜中（图 9-8），按照手术类别分开放置，以便随时取用。物品应标注灭菌日期，使用布类包装灭菌物品可存放 7~14 天，以热熔封口的灭菌器械保存期限为 6~12 个月。灭菌后的器械应储存在设有空气净化装置、室内空气保持正压、温度保持在 18~22 ℃和相对湿度 ≤ 50% 的无菌区内，易于清洁和消毒。无菌物品存放架应定期擦拭消毒，室内空气应定期消毒并做监测，地面应每日用消毒液湿式擦洗。任何包装若发现无有效期、破损、撕裂、打开或潮湿，一律视为污染应重新灭菌后才能使用。

图 9-8　手术包存放

9.3.5　手术包的打开

打开灭菌手术包时，由助理打开手术包外侧包布，显露内侧包布并递给器械助手。具体方法如下：助理一只手托住手术包的底部，另外一只手撕去灭菌指示带，将外层包布的一角打开，依次展开包布其余三个角，打开时助理手臂不可从手术包上方经过，不可触碰内侧灭菌包布。器械助手穿戴好后可直接接过手术包放在手术台上，并依次打开手术包。在术中需要传递灭菌物品时，如手术刀片、缝线或一次性洞巾，助理打开灭菌包并持握灭菌包的外层，然后由手术人员取走灭菌包内部的物品（图 9-9）。

9.4　动物术前准备

动物术前准备包括：麻醉前检查与评估、全身麻醉、保定、术部剃毛、消毒与隔离。

图 9-9　灭菌物品打开方法

吸入麻醉是将气态或挥发性液态麻醉药经呼吸道吸入，在肺泡中被吸收入血液循环，到达神经中枢，作用中枢神经系统产生麻醉效应。因其具有良好的可控性和对机体的影响较小，是一种相对比较安全的麻醉形式。目前，在犬、猫等小动物临床中，多采用吸入麻醉进行全身麻醉。下面以吸入麻醉进行全身麻醉的方法介绍动物的术前准备过程。

9.4.1 动物麻醉前检查与评估

麻醉前需进行完整的病史调查和常规检查（表9-4），如可视黏膜颜色、CRT、皮肤弹性、体温、肺部听诊、心脏听诊及脉搏等，通常建议进行血常规、血液生化等血液指标检查，必要时可进行其他实验室检查、影像学检查等。

表9-4 动物麻醉前检查表

动物名字：	主人名字：		日期：
就诊原因：			
体重：	心率：	呼吸：	体温
可视黏膜颜色：	CRT：	脱水情况：	体况（BCS 1~9）：
饮食欲：	睡眠：	尿液：	大便
精神状况（如焦虑、兴奋、警觉、镇定、沉郁、嗜睡等）：			
以下指标如有异常请如实描述			
总体外观：			
皮肤：			
眼睛/耳朵：			
心血管系统：			
呼吸系统：			
消化系统：			
泌尿系统：			
淋巴系统：			
其他系统：			
疼痛评分 0（无疼痛）1 2 3 4 5 6 7 8 9 10（剧烈疼痛）			
病史			
疾病描述：		疾病治愈情况：	
发病时间：		疾病持续时间：	
曾用药物：		对药物的反应：	
过敏史：			
家里是否有其他宠物及健康状况：			
其他补充信息：			

引自：Tamara Grubb, Mary Albi, Janel Holden, et al., *Anesthesia and Pain Management for Veterinary Nurses and Technicians*, 2020.

参照美国麻醉医师协会（American Society of Anesthesiologists，ASA）的分类，动物麻醉风险也可以分为 5 级（表 9-5）。根据动物体况和检查结果，给患病动物进行麻醉风险评估，并进行相应诊治，以降低麻醉风险。在麻醉前将麻醉风险告知动物主人，经动物主人签署麻醉风险告知书或手术同意书后，方可进行麻醉和实施手术。

表 9-5　动物麻醉风险分级

分级	麻醉风险
ASA Ⅰ	动物没有任何的器官疾病，可进行择期手术，如绝育术、去势术等
ASA Ⅱ	动物有轻度异常，但不会影响到全身的健康状况，如无并发症的骨折或良性皮肤肿瘤
ASA Ⅲ	中度至重度全身性疾病，如轻度到中度脱水、电解质失衡、甲状腺机能亢进、发热、贫血等，应在麻醉前调整至稳定状态，以降低麻醉风险
ASA Ⅳ	严重的全身性疾病危及生命，麻醉风险较大，如充血性心力衰竭、肝性脑病、严重脱水、败血症、严重高钾血症等，如麻醉前不进行调整，则可能会发生死亡
ASA Ⅴ	动物病情危重，随时有死亡的威胁，手术或不手术都可能在 24 h 内发生死亡，如感染性休克、患有多器官衰竭和弥散性血管内凝血的败血症、胃扩张和扭转等

引自：Tamara Grubb, Mary Albi, Janel Holden, et al., *Anesthesia and Pain Management for Veterinary Nurses and Technicians*, 2020.

9.4.2　全身麻醉

9.4.2.1　麻醉前准备

（1）术前　犬、猫应禁食 6~8 h，但不应超过 12 h，禁水 4~6 h。为了使患病动物平稳地进入麻醉状态，麻醉前最好有动物主人陪伴，或者麻醉人员多与患病动物接触，以减少动物的紧张和恐惧情绪。

（2）麻醉前　给患病动物埋置静脉留置针，建立静脉通路。对于有肺部疾病、肝或肾功能不全的患病动物，麻醉前应做出应急预案，准备好急救药品，如肾上腺素、阿托品、多巴胺、地西泮、氨茶碱、止血敏、泼尼松龙、多巴酚丁胺、尼可刹米、利多卡因、地塞米松、碳酸氢钠和呋塞米等。

（3）吸入麻醉设备的检查　使用前先检查氧气量，须保证麻醉过程中有充足的氧气供应。检查麻醉机的气密性，在全紧闭模式下将氧气调整低流量 0.3 L/min，气道压力表维持在 20 cm 水柱不滑动说明设备气密性好。检查钠石灰颜色，根据麻醉时间适时更换钠石灰，一般麻醉 10~20 h 更换一次。检查挥发罐内麻醉药液面，及时补充麻醉剂，如图 9-10（a）所示。需要使用呼吸机进行机械通气时，设定呼吸机各项参数，如吸呼比为 1∶2，呼吸机为指令状态，气道压力一般设置为 1~2 kPa。潮气量 10~15 mL/kg，正常每分钟通气量为 150~250 mL/kg。不同型号麻醉机参数设置略有差异，如图 9-10（b）所示。不同动物平静状态下，呼吸频率、潮气量、通气量和气道压力均有不同（表 9-6）。

（a） （b）

图 9-10 吸入麻醉机检查及参数设定

表 9-6 正常成年犬、猫平静状态下呼吸频率、潮气量、通气量和气道压力参数

动物种类	呼吸频率/（次/min）	气道压力/kPa	潮气量/（mL/kg）	呼末 CO_2/（cm H_2O）	每分钟通气量/（mL/kg）
猫或小型犬	15	1~1.5	10~15	35~45	150~250
中或大型犬	10	1.5~2	10~15	35~45	150~250

注：1cm 水柱（cm H_2O）=0.1 kPa，1 mm Hg = 1.33 cm H_2O。

引自：Tamara Grubb, Mary Albi, Janel Holden, et al., *Anesthesia and Pain Management for Veterinary Nurses and Technicians*, 2020.

（4）气管插管用品准备　插管前根据动物体重估测插管型号（表 9-7），准备三个型号的气管插管（图 9-11），用注射器充盈气管插管气囊，检查套囊是否漏气或变形。同时，检查麻醉咽喉镜灯泡是否处于可用状态且电量充足。

图 9-11 气管插管用品准备

表 9-7 犬、猫气管插管与体重关系推荐表

动物种类	体重 /kg	ID（内径）/ mm
犬	2	5.0
	3	5.5
	4	6.0
	6	6.5
	8	7.0
	10	7.5
	12	8.0
	14	8.5
	16	9.0
	18	9.5
	20	10
	25	11
	30	12
	40 以上	14~16
猫	1	3
	2	3.5
	3.5	4
	4 及以上	4.5

9.4.2.2 吸入麻醉的实施

（1）麻醉前给药　全身麻醉前给予动物镇痛或镇静安定药，可使动物安静，以消除麻醉诱导的恐惧和挣扎；手术前使用镇静、镇痛药物，能减少全麻药的用量，从而减少麻醉的副作用，提高麻醉的安全性，使麻醉和苏醒过程平稳。根据不同情况可选择如下药物（表 9-8）。镇静结束后，应将动物转移至动物术前准备室台上，注意动物保温，打开氧流量计，使用面罩给动物吸氧 3~5 min。

吸入麻醉的实施

（2）诱导麻醉　通过静脉留置针向动物静脉内缓慢推注诱导麻醉药物，使动物快速进入麻醉状态，达到可插入气管插管的效果。常用的诱导麻醉药物有丙泊酚（4~6 mg/kg）或舒泰（2~5 mg/kg），缓慢推注（1~2 min），体况较差者可酌情减量（图 9-12）。先推注推荐剂量的 1/2~2/3，丙泊酚在注射 20~30 s（舒泰在注射后 60~90 s 后）观察下颌的松弛效果，一旦动物下颌松弛可轻易打开口腔拉出舌头时，即可进行气管插管。诱导麻醉过程中应严密监护动物生命体征。

表 9-8　犬、猫全身麻醉前常用药物

分类	名称	剂量	适应症、不良反应及禁忌症
镇痛药	芬太尼	2~5 μg/kg，SQ、IM 或 IV（犬） 1~2 μg/kg，SQ、IM 或 IV（猫）	适用于中度疼痛；持续时间短
镇痛药	布托啡诺	0.2~0.4 mg/kg，SQ、IM 或 IV（犬、猫）	适用于轻度疼痛；作用时间较短，且会造成心动过缓的现象
镇静安定药	右美托咪啶	3~10 μg/kg，IM（犬） 40 μg/kg，IM（猫）	用于犬、猫的镇静剂和止痛剂，也可用于犬深度麻醉前的前驱麻醉剂；动物血压会升高，也能导致呼吸频率下降和体温降低
镇静安定药	咪达唑仑	0.25 mg/kg，SQ、IM 或 IV（犬、猫）	与镇静剂联合使用时，可产生可靠的镇静效果；而单独使用时只能用于幼龄、老龄动物的麻醉；通常用于辅助诱导麻醉
镇静安定药	地西泮	0.2 mg/kg，SQ、IM 或 IV（犬、猫）	
分离麻醉剂	氯胺酮	5 mg/kg，IM（猫，镇定） 10~20 mg/kg，IM（猫，保定）	对猫可起到较好的镇定作用；避免用于肝衰的犬、肾衰和尿道阻塞的猫、有癫痫史和二尖瓣闭锁不全以及眼内压与颅内压升高的动物
抗胆碱药	阿托品	0.02~0.04 mg/kg，SQ、IM 或 IV（犬、猫）	减少呼吸道和唾液腺的分泌，降低胃肠道蠕动，防止在麻醉时呕吐；预防反射性心率减慢或骤停，阿托品作为麻醉前用药对于有心脏疾病的患畜应慎用
抗胆碱药	格隆溴铵	0.005~0.01 mg/kg，SQ、IM 或 IV（犬、猫）	

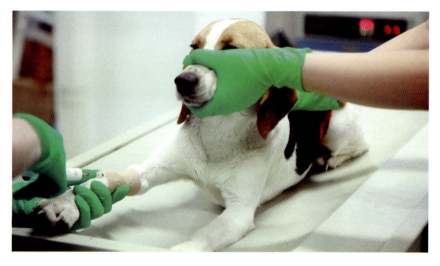

图 9-12　犬诱导麻醉（丙泊酚）

（3）气管插管　诱导麻醉后，使动物侧卧，把气管插管放在动物颈部，预估犬、猫切齿至胸腔入口的长度即为气管插管插入的深度。然后动物俯卧，助手打开动物口腔，将固定绳置于上颌犬齿后，助手一手抬起上颌，另一手固定动物脖颈处，保持头颈顺直。插管者将动物舌头拉出，左手持喉镜压于舌根处会厌软骨，暴露杓状软骨和声门裂，右手持末端已涂抹适量利多卡因凝胶的插管沿声门裂插入气管内，调整气管内导管深度（图9-13）。判断插管的成功与否，可通过观察和感觉是否有气流从插管中进出，插管同时会伴有动物的呛咳等进行判断。如插入正确，则立即用固定绳将插管固定于犬、猫颈部耳后位置。随后用注射器将插管气囊充起，但套囊压力不宜过大以免对气管造成压迫。

 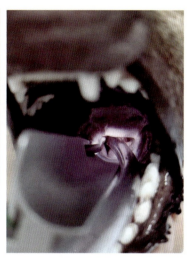

图9-13　犬气管插管方法

（4）麻醉维持　插管完毕，将插管连接到麻醉机，调整氧流量为2 L/min，打开挥发罐，以2%~4%浓度快速吸入麻醉剂，让动物快速进入麻醉状态。待3~5 min动物进入平稳状态后，以1.5%~2%浓度维持所需麻醉深度。麻醉过程中，根据手术本身及动物生命体征随时调节麻醉剂浓度。异氟烷诱导麻醉和苏醒快速平稳，是目前小动物临床中应用最为广泛的吸入麻醉剂。

（5）麻醉监护　动物麻醉后，应立即连接监护设备，并由专人负责监护动物麻醉状态。监护项目包括：

①监护麻醉深度：眼球位置、瞳孔大小、眼睑反射、角膜反射、对光反射、肛门反射、下颌松弛度和有意识行动等。

②循环系统监测：用心电监护仪监测心率（HR）、心电图（ECG）、体温（T）和听诊心音，观察结膜、口腔黏膜颜色和毛细血管再充盈时间，用血压计监测动物血压（BP）等。

③呼吸系统监测：用监护仪监测动物的呼吸速率（RR）、血氧饱和度（SpO_2，应≥95%）、呼末二氧化碳（$ETCO_2$）、潮气量和每分钟通气量等。对于危重病例，也可以进行血气分析了解血液pH值和电解质的变化。常用的监护设备有心电监护仪、血压计、呼末二氧化碳监护仪等，麻醉监护人每隔5 min记录一次数据（表9-9）。

表 9-9 小动物麻醉记录表

动物医院小动物麻醉记录表							
患畜信息	病历号		动物名字		体重 ___ kg	品种	□犬 □猫 □其他
	性别	□雌 □雄 □雌（已绝育）□雄（已去势）		主人姓名		电话	
手术名称		手术日期	年 月 日	HR ___ 次/分	RR ___ 次/分	CRT	T
凝血功能		ASA 1 2 3 4 5	HCT	TP	ALT	ALP	
常规检查				其他检查		BUN ___ CREA ___ GLU ___	
术前用药	布托啡诺___（0.2~0.4）mg/kg×___kg÷10 mg/mL=___mL				舒泰___（2~5）mg/kg×___kg÷50 mg/mL=___mL		
	多咪静___（2~8）μg/kg×___kg÷500 mg/mL=___mL				阿托品___ mg/kg×___kg÷0.5 mg/mL=___mL		
	其他药物						
诱导麻醉		丙泊酚___（1~6）mg/kg×___kg÷10mg/mL=___mL					
麻醉开始时间 ___ : ___				麻醉结束时间 ___ : ___			

时间（24 h）	15	30	45	15	30	45	15	30	45	镇痛和补液
异氟烷吸入浓度%										
终末异氟烷浓度%										___局部阻滞
氧流量（L/min）										药物1___
										药物2___
气道通路： ___面罩 ___气管插管（ID）	200 190 180									硬膜外阻滞___ 药物1___ 药物2___
麻醉回路： ___循环回路 ___非循环回路	170 160 150									恒速输液 药物1___ 药物2___
体位： ___俯卧位 ___仰卧位 ___左侧卧 ___右侧卧	140 130 120									药物3___ 药物4___ 并发症
血压测量： ___多普勒法 ___示波法 ___直接测量 ___动脉压	110 100 90									血气 时间 pH PCO₂
通气： ___自主呼吸 ___间歇正压通气	80 70									TCO₂ PO₂ HCO₃⁻ BE
参数描述： 麻醉：A-A 手术：S-S HR（心率）：● RR（呼吸频率）：○ SAP（收缩压）：V DAP（舒张压）：X MAP（平均血压）：∧	60 50 40 30 20 10 0									Lac. Na⁺ Cl⁻ K⁺ iCa²⁺ Glu 术后用药 给药方式___ 术后疼痛评分 苏醒
备注										
SpO₂										拔管时间___
ETCO₂										站立时间___
T										手术时长___
其他										总输液量___

（6）苏醒和护理　全身麻醉的动物,手术后宜尽快苏醒。根据手术进程,手术结束前逐渐降低挥发罐浓度,直至关闭挥发罐,持续给予吸氧3~5 min。用注射器将插管气囊放气,解除固定绳,待动物恢复下颌张力、出现眼睑反射、吞咽反射及舌回缩反射时可拔除插管。在动物未完全苏醒之前应由专人看护,苏醒后辅助站立,避免跌落、撞碰和摔伤。在吞咽功能未完全恢复之前,禁止饮水、喂饲,以防误咽。全身麻醉后的动物体温会出现不同程度的降低,应将动物置于温暖干燥的地方,注意保温。麻醉后24 h内应密切关注动物体温、呼吸和心血管的变化,若发现异常,要尽快找出原因。对于危重病例,要注意评价患病动物的水和电解质变化,并及时予以纠正。

9.4.2.3　全身麻醉常见并发症

麻醉过程中,应密切监测动物的各项生命体征,动物常见的全身麻醉并发症及急救措施见表9-10所列。

表9-10　全身麻醉过程中常见的并发症

麻醉并发症	临床表现	预防措施	急救措施
呼吸暂停	呼吸变浅、变慢,间歇呼吸后突然停止呼吸,可视黏膜发绀,角膜反射消失,瞳孔突然放大,创口内血液颜色变暗,随后心跳停止	麻醉前禁食禁水,使用镇静、镇吐,术中监护呼吸,及时调整麻醉深度	关闭挥发罐,呼吸机正压通气供氧;打开口腔,拉出舌头,清除口腔分泌物,保持呼吸道通畅;静脉注射尼可刹米、安钠咖
心脏骤停	常无征兆,表现为脉搏、呼吸突然消失,瞳孔散大,创内血管停止出血	麻醉前对动物体进行状态评估,术中及时监测各项生理指标	行心脏按压术,肾上腺素、安钠咖静脉注射或气管内给药
误吸	呕吐或返流,口腔和咽部有食物或胃内容物,咳嗽、呼吸道阻塞症状或肺炎症状	麻醉前禁食禁水,麻醉前给药,采用头低尾高的体位,气管内插管,及时清洁口腔异物,胃肠手术时操作要轻柔	清洁气道,尽可能保持畅通;清洁口腔和咽喉部,气管镜冲洗气管与支气管,并进行吸氧、补液,防止休克的发生;使用糖皮质激素、支气管扩张剂和大剂量广谱抗生素
体温过低	麻醉会使基础代谢下降,一般会使体温降低,下降1~4 ℃	应及时监测,以肛温为准;麻醉前准备好保温措施	室内温度维持在25 ℃左右;麻醉过程中采用电加热垫或热空气垫进行保温

9.4.3　术部剃毛、消毒与隔离

动物一旦进入平稳的麻醉状态后,即可按照手术操作的要求,进行相应的体位保定,如仰卧、左侧卧、右侧卧和俯卧等,并对术部依次进行剃毛、消毒和隔离。

9.4.3.1　术部剃毛

使用动物专用电动剃毛器在术部进行剃毛,剃除的毛发用吸尘器清除干净。剃毛

的范围要超出切口周围 10~15 cm，有些手术可能需要延长切口，术部剃毛范围应更大（图 9-14）。剃毛后，用皮肤清洁液擦洗术部皮肤并用清水洗净，最后用灭菌纱布擦干。术部除毛清洁后可将动物转移至无菌手术室的手术台上进行后续操作。

9.4.3.2 术部消毒

术部皮肤消毒，常用的消毒药物有 2%~5% 碘酊、5.0%~7.5% 碘伏、70%~75% 乙醇和 2% 葡萄糖酸氯己定醇等。其中，碘酊是碘和碘化钾的乙醇溶液，有强大的杀灭病原体的作用，但刺激性和腐蚀性较强，可用于皮肤及手术部位的消毒，且禁用于黏膜和伤口内消毒。使用碘酊涂擦作用 2~3 min 后，须用 75% 乙醇脱碘。碘伏是碘与表面活性剂通过络合的方式形成的不定型络合物，又称络合碘。聚维酮碘（PVP-I）是最常见的一种络合碘，为碘与聚乙烯吡咯烷酮的络合物，其着色浅，对皮肤黏膜无刺激性、无腐蚀性，使用后不需用乙醇脱碘。2% 葡萄糖酸氯己定醇也可用于手术部位的皮肤消毒，无致敏性，起效迅速。消毒原则：若为无菌手术，应由术野中心向四周以"离心形"方式涂擦；若为污染创和感染创，则应由手术区外周清洁部向患处以"向心形"方式涂擦（图 9-15）。所有剃毛的区域均应消毒。

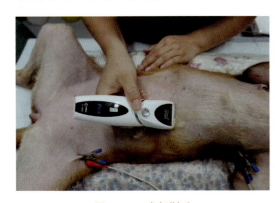

图 9-14　术部剃毛　　　　　　图 9-15　术部消毒

9.4.3.3 术部隔离

术部隔离是用隔离巾将除显露手术切口所必需的皮肤区域外的其他部位遮盖，使手术周围环境成为一个较大范围的无菌区域，以避免和尽量减少手术的污染。常用的隔离巾有可重复使用的纯棉隔离巾/洞巾、一次性无纺布手术隔离巾/洞巾、一次性使用医用手术薄膜等。术部隔离主要有两种方法：四块隔离巾铺盖法和一大块洞巾铺盖法。下面以腹部手术为例，分别介绍这两种方法。

（1）四块隔离巾铺盖法

①手术人员手持第 1 块隔离巾一边折叠 1/4，反折面向下盖住动物的尾部区域，同样的方法分别将第 2、3、4 块隔离巾盖住切口的对侧、动物的头部区域和切口的铺巾者一侧。

②用巾钳分别在四块隔离巾的交界处与动物皮肤钳夹在一起（图 9-16）。也可用薄膜

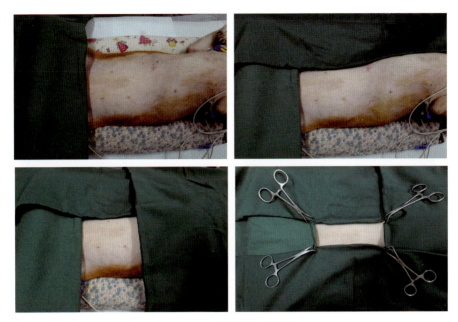

图 9-16 四块隔离巾铺盖法

手术巾覆盖固定隔离巾，将薄膜手术巾放于切口的一侧，撕开防粘纸向对侧拉开，将薄膜覆盖于手术切口部位，薄膜与皮肤应完全接触，不能留有气泡。此方法适用于大手术或四肢手术。

（2）一大块洞巾铺盖法　手术人员手持洞巾将孔对准手术切口，然后分别将洞巾向四周展开，使创巾盖住动物头部和尾部区域，两侧部应下垂过手术床缘30 cm以下（图9-17）。此方式适用于一些小手术。

铺设隔离巾时，既要避免手术切口暴露太小，又要尽量少地使切口周围皮肤显露在外。隔离巾一旦铺上，不要随意移动，如果需要移动，只能从手术区内向外移动，而不能向手

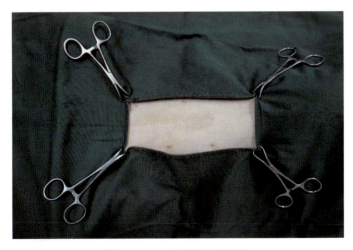

图 9-17　一大块洞巾铺盖法

术区内移动。在手术中凡被污染的手术隔离巾，应尽可能及时更换。在对四肢手术铺设隔离巾时，可以将肢体远端悬吊起来先用四块铺巾隔离并用巾钳固定，再铺设一大块洞巾，最后铺一层薄膜手术巾，可以起到很好的隔离作用。

9.5 手术人员准备

手术人员的术前准备主要包括：更衣、手臂的清洁与消毒、穿无菌手术衣和戴手套，应在手术人员准备室进行操作。

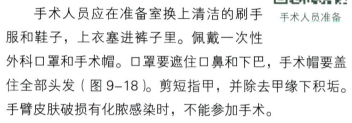

手术人员准备

9.5.1 更衣

手术人员应在准备室换上清洁的刷手服和鞋子，上衣塞进裤子里。佩戴一次性外科口罩和手术帽。口罩要遮住口鼻和下巴，手术帽要盖住全部头发（图9-18）。剪短指甲，并除去甲缘下积垢。手臂皮肤破损有化脓感染时，不能参加手术。

9.5.2 手臂的清洁与消毒

外科手术手臂清洁与消毒是指在手术前用机械清洗法和化学消毒法尽可能地去除指甲、手掌、手臂和肘部微生物的过程。机械清洗是指通过摩擦和刷洗产生的摩擦力去除细菌和碎屑的过程，能将脏物、油污和一些微生物去除。化学消毒过程使用消毒剂、抗菌剂等将存在于表皮、毛囊和汗腺中的微生物灭活或抑制繁殖。

图 9-18　更衣

9.5.2.1 手和臂的清洁

用流水冲洗双手及手臂。用洗手液或肥皂按七步洗手法洗手和手臂，步骤为：手掌相对→手掌对手背→双手十指交叉→双手互握→揉搓拇指→指尖→手臂至上臂下1/3，可简单记为"内、外、夹、弓、大、立、腕"，两侧在同一水平交替上升，不得回搓，重复2次。用流水沿手指至肘部的方向将洗手液冲洗干净。洗手过程中双手位于胸前并高于肘部，双前臂保持拱手姿势（图9-19）。

9.5.2.2 手和臂的消毒

用消毒的软毛刷蘸取消毒洗手液刷手，刷手顺序为：双手→双前臂→双上臂，双手交替向上进行，顺序不能逆转，不留空白区。重点刷双手，从拇指的桡侧起渐次到背侧、尺侧，依次刷完五指和指蹼，然后再刷手掌、手背、前臂和肘上。用流水沿手指至肘部的方向冲洗干净，每侧用一块无菌毛巾或无菌擦手纸从指尖至肘部擦干，擦过肘部的毛巾不可再擦手部。最后还可选用免洗手外科手消毒凝胶均匀涂于手、臂至肘部，先涂抹两前臂及肘部，

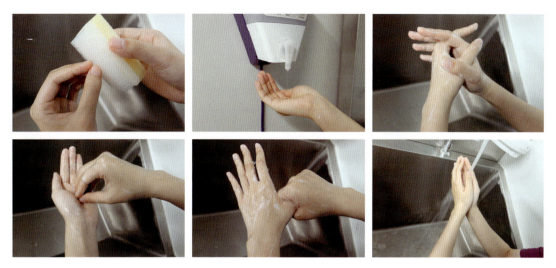

图 9-19 手和臂的清洁

再涂抹双手，保持拱手姿势自然待干（图 9-20）。

9.5.3 穿无菌手术衣

由助手打开无菌手术衣的外包装或外层包布，手术衣呈外翻折叠。手术人员抓住衣领并露出衣袖洞口，不要抖动，展开手术衣，确保里层对着身体以及手能伸进袖口。两只手臂同时伸入衣袖中并滑动延伸，助手协助把手术衣往肩后拉，系好领部和腰部的系绳，术者的手不要伸出袖口外（图 9-21）。

9.5.4 戴手套

戴手套有三种方法：密闭式、开放式和辅助式，密闭式和开放式是手术人员自行戴手套的方法，辅助式则需要已戴好手套的助手予以协助。

图 9-20 擦干手和臂

9.5.4.1 密闭式戴手套法

密闭式戴手套方法在操作过程中几乎没有皮肤的暴露，能较好地防止污染。隔着衣袖取无菌手套放于另一手袖口处，将手套指端朝向手臂，拇指相对；放有手套的手隔着衣袖将手套的翻折边抓住，另一只手隔着衣袖拿另一侧翻折边将手套翻于袖口上，手迅速伸入手套内；同样方法佩戴另一侧手套，最后调整手套位置（图 9-22）。外科手术中最常用密闭式戴手套法。

9.5.4.2 开放式戴手套法

左手持右手手套的翻折内面，右手插入右手手套内；已带好手套的右手手指插入左手套的翻折部，帮助左手插入手套内；将手套翻折部翻回盖住手术衣袖口处（图 9-23）。

开放式戴手套

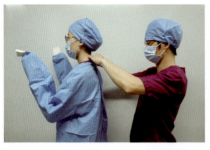

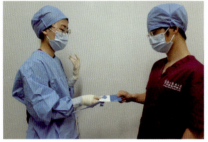
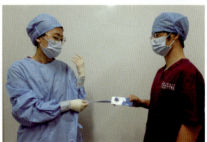

图 9-21 穿手术衣

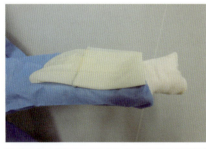
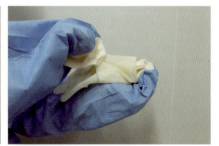
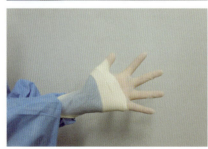
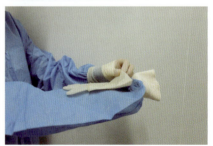

图 9-22 密闭式戴手套

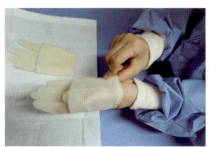
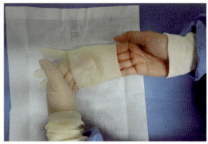

图 9-23 开放式戴手套

9.5.4.3 辅助式戴手套法

已戴好手套的助手双手手指插入手套翻折口内面的两侧，用力稍向外拉开（手套掌面朝向术者，拇指朝外上，小指朝内下，呈外八字型），扩大手套入口，有利于术者穿戴。术者右手伸开对准手套，五指向下，助手向上提，同法戴右手。术者自行将手套反折翻转压住手术衣袖口（图9-24）。

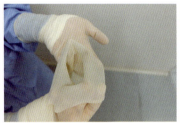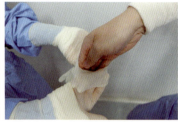

图 9-24 辅助式戴手套

手术过程中，如果需要更换新手套，可由巡回助手捏住术者掌腕部手套及袖口向后拉，术者将手缩回袖口里面，无需洗手即可按照前面的方法重新佩戴手套（图9-25）。

9.6 手术室常用设备使用与养护

9.6.1 心电图仪

图 9-25 术中更换手套

心肌细胞在兴奋过程中产生微小的生物电流，即心电。这种电流通过动物组织传到体表，用心电描记仪将其放大、描记下来，形成一个心肌电流的时间连续曲线，称为心电图（electrocardiogram, ECG）。心电图是心脏兴奋的发生、传播及恢复过程的客观指标。目前，心电图检查已经成为兽医临床上动物心血管疾病诊断中一项重要的非创伤辅助诊断方法，尤其对心律失常、心肌梗死、心肌缺血、心脏肥大和血液电解质紊乱等具有重要的诊断价值。

9.6.1.1 心电图图示

动物的典型心电图模式及各波段的组成如图9-26所示。犬、猫正常心电图参数见表9-11所列。

（1）P波　代表左、右心房激动时的电位变化。P波时限表示兴奋在两个心房内传导的时间。

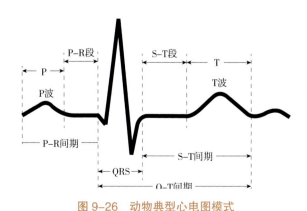

图 9-26 动物典型心电图模式

引自：邓干臻，《兽医临床诊断学》（第2版），2016。

表 9-11 犬、猫正常心电图参数表

参数		犬	猫
心率 /（次 /min）		幼犬：70~220；成年犬：70~180	120~240
心律		窦性心律，窦性心律不齐	窦性心律
P 波	最大振幅 /mV	0.4	0.2
	最长时限 /s	0.04	0.04
	P-Q 间期 /s	0.06~0.13	0.05~0.09
QRS 综合波	最大振幅 /mV	小型犬：2.5；大型犬：3	0.9
	最长时限 /s	0.06	0.06
T 波		正向、负向或双向，振幅不超过 R 波高度的 25%	等电位，或者正向且振幅＜ 0.3 mV
心电轴		+40°~ +100°	0 ~ +160°

引自：Mark A. Oyama, Marc S. Kraus, Anna R. Gelzer, *Rapid Review of ECG Interpretation in Small Animal Practice*, 2nd edition, 2019.

（2）P-R 段　指从 P 波结束到 QRS 综合波起点的一段等电位线，代表心房除极化结束到心室肌开始除极化的时间，即激动从心房转到心室的时间。

（3）P-Q 间期　指从 P 波起点到 QRS 综合波起点的距离，其时限代表激动从窦房结传到房室结、房室束和浦肯野纤维，引起心室肌除极化的时间。

（4）QRS 综合波　由向下的 Q 波、陡峭向上的 R 波和向下的 S 波组成，代表激动在左、右心室肌内传导所需的时间。

（5）S-T 段　指 QRS 综合波终点到 T 波起点的一段等电位线，相当于心肌细胞动作电位的 2 位相期。此时全部心室肌都处于除极化状态，所以各部分之间没有电位差而呈一段等电位基线。

（6）T 波　是心室肌复极化波，代表左、右心室肌复极化过程的电位变化，相当于心肌细胞动作电位的 3 位相期。

（7）Q-T 间期　指从 QRS 综合波起点到 T 波终点之间的距离，其时限代表心室肌除极化和复极化过程的全部时间。

9.6.1.2　心电图记录操作

（1）被检动物准备　由于镇静和麻醉都会使得心电图发生变化，因此，需要在动物清醒的状态下记录心电图。动物仰卧保定，动物四肢伸直分别位于躯体两侧。接导联部位剪毛，用 95% 乙醇脱脂，涂导电膏。

（2）连接导联线　将导联的插头插在心电图机的插座上，选择导联方式，连接导联线。红色导线接右前肢电极，黄色导线接左前肢电极，绿色导线接左后肢电极，黑色或蓝色导线接地线（通常是右后肢）（图 9-27）。

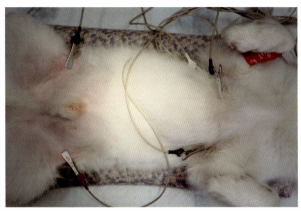

图 9-27 心电图仪和导联连接

（3）心电图记录　根据机器型号、性能调试机器，使其处于正常工作状态。待动物平静后，记录并打印动物的心电图数据。

（4）心电图机关机　取得心电图后，立即在心电图上标明动物信息、描记日期、导联方法，并妥善保管机器和导线电极。

9.6.1.3　心电图变化的临床意义

心电图提供的解读信息很多，但需要结合心脏超声、X 线、CT 或 MRI 等影像学和实验室检查等进行综合诊断。

①根据心率数据，检查动物心率是否正常、过缓或过速。

②根据心律数据，检查动物心律是否整齐、有无期前收缩。

③ P 波：若 P 波时限延长，常提示犬、猫肥大性心肌病或扩张性心肌病；若 P 波时限正常，但 P 波高耸、波峰尖锐，常见于右心房肥大，也见于肺部感染、缺氧及交感神经兴奋性增高等；若 P 波减少，可见于犬、猫心包积水、甲状腺功能减退等。

④ QRS 综合波：若 QRS 综合波时限延长，主要见于心室肥大、房室束支阻滞、预激综合征、心肌变性等；若 QRS 综合波振幅增大，主要见于犬、猫的肥大性心肌病；若 QRS 综合波减少，主要见于犬、猫心包积水和甲状腺功能减退等；若 QRS 综合波畸形，多提示心肌严重病变。

⑤ T 波：若 T 波波峰尖锐、振幅增大，表明冠状动脉供血不足，常见于急性心肌炎中后期、高血钾症和甲状腺功能亢进等；T 波降低，常见于心肌疾患，也见于严重感染、贫血、维生素缺乏和中毒病等多种疾病。

9.6.1.4　心电图仪维护及保养

①做完心电图描记后，及时清洁电极。

②导联电缆的芯线切忌用力牵拉或扭曲折叠，收藏时应盘成直径较大的圆环悬挂。

③心电图机器应避免高温、日晒、受潮、尘土或者撞击，用完盖好防尘罩。

④由医疗仪器厂家定期检查心电图机的性能。

9.6.2 心电监护仪

心电监护仪也能监测心电图，可实时监测麻醉动物心率、心律、呼吸和血氧饱和度，是一个动态监测。在监护的过程中如果有异常情况发生，会报警，一般不具有存储功能。心电图机则可以一直显示并记录动物的心电变化，具有存储功能。心电监护仪的导联使用方法与心电图仪基本相同。

心电监护仪的使用

9.6.3 血压计

血压（blood pressure, BP）是血液在血管内流动时作用于血管壁的侧压力，驱动血液通过毛细血管向机体组织器官参与新陈代谢，单位是mmHg。血管分动脉、静脉和毛细血管，相对应的就有动脉压、静脉血压和毛细血管压，通常所说的血压是指动脉血压。临床上，血压测量技术按照是否侵入动物血管分为有创和无创两类。无创血压（NIBP）操作简单，且不会对动物造成创口，因此广泛应用于兽医临床。目前，无创血压最常用的测量方法有多普勒法和示波法，这两种技术都是基于使用充气袖带检测动脉加压后的脉搏回流，进而通过特殊算法得到血压相关数据。

9.6.3.1 血压数值

（1）动脉收缩压（SAP） 心室收缩，主动脉压急剧升高，在收缩中期达到最高时血液对血管内壁的压力。

（2）动脉舒张压（DAP） 心室舒张，动脉血管弹性回缩，主动脉压下降，在心舒末期达到最低时血液对血管内壁的压力。

（3）平均动脉压（MAP） 一个心动周期中动脉血压的平均值，MAP=DAP+1/3(SAP−DAP)。

绝大多数麻醉药物都会在不同程度上减少动物的心输出量，进而导致血压下降，因此，任何麻醉过程都应该监测动物血压。麻醉过程中，犬、猫正常血压参考值见表9-12所列。一般情况下，对于犬、猫而言，为满足心脏、脑及肾脏的组织灌流，MAP不能低于60 mmHg（SAP不能低于80 mmHg），否则可能导致肾功能衰竭、肝脏代谢不良、重度低血氧、苏醒延迟、神经肌肉症状及中枢神经系统障碍等。常用的测量部位有腕动脉中段、跗动脉中断、趾背动脉、尾动脉中段。

表9-12 犬、猫麻醉状态下正常血压参考值

血压	犬、猫	血压	犬、猫
SAP/mmHg	80~120	MAP/mmHg	60~100
DAP/mmHg	40~80		

引自：Tamara Grubb, Mary Albi, Janel Holden, et al., *Anesthesia and Pain Management for Veterinary Nurses and Technicians*, 2020.

9.6.3.2 多普勒法测量血压

多普勒法可应用于任何体型的犬、猫,但一般只测量收缩压。多普勒血压计由扩音器、多普勒探头、压力计和袖带组成(图9-28)。操作如下:

①在安静的环境下,动物保持合适的体位,应在动物平静的状态下开始测量。将多普勒探头与压力计、扩音器连接,打开血压计电源,将音量旋转到较低,可听到即可。

多普勒法测量血压

②根据测量部位选择尺寸合适的袖带并缠绕在动物肢体上,在袖带下方用手感知到动物脉搏,局部剃毛。

③在探头上涂抹耦合剂,放在剃毛部位,然后缓慢移动寻找到多普勒声音强度最高的部位,用胶带将探头缠绕在动物肢体上。

④确认压力计的放气阀已关闭,轻捏充气囊,给袖带充气,直至听不到脉搏的声音再加20~30 mmHg。

⑤缓慢打开放气阀,直至听到脉搏的声音,即为收缩压,记录。

⑥测量结束后,关闭扩音器及电源。用75%酒精棉球擦干探头上的耦合剂,将袖带、压力计、探头和扩音器放回血压计保存盒内。

9.6.3.3 示波法测量血压

示波法测量较多普勒法更加精确,且可以测量收缩压和舒张压,操作便捷。示波法血压计由血压计和不同规格的袖带组成(图9-29)。操作如下:

①待动物平静下来或进入麻醉状态后,即可以开始测量,打开血压计电源。

示波法测量血压

②根据测量部位选择尺寸合适的袖带并缠绕在动物肢体上,将袖带与血压计相连。

③点击开始,血压计即开始给袖带充气加压并放气,大约1 min后即可测得收缩压、舒张压和平均动脉压。

图9-28 多普勒血压计测量血压

图9-29 示波血压计测量血压

④测量结束后,记录相应血压数值。关闭血压计电源,将血压计盒袖带等放回保存盒中。

9.6.3.4　结果判读

犬、猫在麻醉平稳状态下,如MAP＜60 mmHg、SAP＜90 mmHg,可视为低血压；如SAP＞150 mmHg、MAP＞115 mmHg、DAP＞95 mmHg,可视为高血压。在麻醉中,一旦动物血压处于异常状态,应尽快找出原因,并及时处理,让血压尽快恢复正常。

9.6.3.5　血压测量注意事项

①重复测量时需间隔30 s,重复测量的结果可取平均值为最终血压值。

②袖带需要缠绕在易于压迫的前肢浅表动脉处。选择合适的袖带宽度很重要,否则很难保证测量结果的准确性。一般要求袖带宽度为肢体周长的40%。

③缠绕松紧合适：过松会导致测量结果偏低,过紧会导致结果偏高。

④严禁 NIBP 测量肢和留置针放置在同一肢体,另外局部有损伤的某肢也不适合作为 NIBP 测量肢。

⑤毛发厚重的动物,需要先修剪测量局部的毛发,否则影响测量结果准确性。

9.6.4　高频电刀

高频电刀是利用 300~500 Hz 高频电流,在电刀的刀尖形成高温、热能和放电,使接触的组织快速脱水、分解、蒸发、血液凝固,实现分解组织和凝血作用,达到切割、止血的目的,是一种替代机械手术刀进行组织切割的电外科器械。具有切割速度快、止血效果好、操作简单和安全方便等优点。目前,兽医外科手术中应用的高频电刀主要为单极电刀,由主机和电刀笔、负极板、脚踏开关等附件组成（图9-30）。

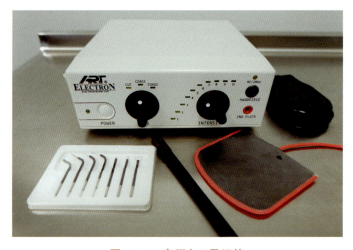

图 9-30　高频电刀及组件

9.6.4.1　高频电刀操作步骤

高频电刀的电刀及连接线不耐高压灭菌,可在术前用 0.1% 新洁尔灭或 2% 洗必泰浸泡消毒 30 min 后使用。使用操作如下：

①打开高频电刀主机电源,连接负极板线路,将负极板置于患病动物的合适部位。
②术者选择合适的电刀安装在电笔中,将电刀笔线路与主机连接,过程中注意无菌操作。
③根据手术需要,选择合适输出功率,术者用脚控制脚踏开关,依次进行切割或止血。
④使用完毕后关闭主机电源,拔出电源插头,清洁电刀上的焦痂,将负极板、连接线、电刀和笔等放回原处,方便下次使用。

9.6.4.2 高频电刀使用注意事项

①高频电刀在使用时会形成电弧,遇到易燃物品时会燃烧爆炸,所以应避免在有挥发性、易燃易爆气体(如乙醚等)的环境中使用。如果使用的是吸入麻醉,要确保氧气管道和麻醉废气排出管道通畅,严禁泄露。禁止开放给氧,避免在高浓度氧环境中使用电刀。
②在使用碘酊、酒精消毒术部时,必须待酒精完全干燥、挥发后方可铺巾、贴手术薄膜和使用高频电刀。
③使用电刀时产生的烟雾和颗粒对人体有害,应及时吸净。
④不接触目标组织时,避免使用电刀,否则可能引起电弧灼伤。
⑤在常规使用功率下,使用效果差或无法正常工作时,不可盲目加大功率,应先检查负极板与动物体表的接触情况,功率应由小到大逐渐调试。
⑥暂不使用电刀笔时,应将其放在绝缘容器内,勿放置在妨碍医生操作部位及手术部位,避免意外触发引起工作人员或患病动物的灼伤。

9.6.5 电动吸引器

电动吸引器是利用负压吸引的原理,通过连接的管道将患病动物的分泌物或渗出物等吸出的仪器,手术中用于吸引手术术野中的出血、渗出物、脓液、空腔脏器中的内容物和冲洗液等,使手术视野清楚,减少污染机会。还可用于经口、鼻腔或人工气道等将呼吸道的分泌物吸出,以保持呼吸道畅通。吸引器由吸引头、吸引管、储液瓶、安全瓶、压力表、负压调节器、动力部分和脚踏开关组成(图9-31)。

9.6.5.1 电动吸引器的使用

吸引头如果是金属的,应提前高压灭菌备用。吸引管不耐高压,消毒方法同高频电刀。

①手术开始前,接通电动吸引器电源,连接吸引管,调节吸引所需负压,放置脚踏板。

图9-31 电动吸引器

②手术人员将吸引头与吸引管相连,过程中注意无菌操作。术中,术者用脚控制脚踏板进行吸引。
③手术结束后,去除吸引管,将吸引瓶内液体倒掉,清洗消毒后放回原位。

9.6.5.2 电动吸引器的清洁

①用自来水预先冲洗吸引管,起到湿润管壁和预先清洗异物的作用。

②倒空储液瓶,用柔软的刷子清除瓶和瓶塞上的污垢,再用清水冲洗,其中包括溢流装置和各种管道。必要时,旋下溢流装置,分离各部件,进行彻底清洗。

③储液瓶、瓶塞及各种管道可用含氯消毒液浸泡1h,消毒结束后用清水冲洗干净。

④所有部件晾干或烘干,并依次安装,确保下次可良好运行。

9.6.5.3 电动吸引器使用注意事项

①使用前,认真检查负压性能是否良好、各连接管道是否正确可靠、负压瓶是否紧密、压力表是否达到所需标准等。

②使用过程中,随时观察储液瓶内液体情况,接近瓶容积的3/4时及时倒出并记录。保持各管道通畅,及时清除阻塞情况,保证使用。安全瓶起缓冲气流作用,严禁当作储液瓶使用,避免液体进入泵体,损坏机器。

③使用结束后,保证吸引器瓶干燥,做好吸引器瓶盖终末消毒,防止发生交叉感染。

9.6.6 胃镜

目前,兽医临床上应用的常见内镜有胃镜、肠镜、腹腔镜、鼻腔镜、气管镜和关节镜等。随着内镜及手术器械的更新完善和内镜技术的不断发展,内镜已经进入了一个全新的诊断和治疗相结合的高级阶段。内镜一般为纤维内镜和电子内镜。纤维内镜是用导光玻璃纤维束制成的内镜,其由内窥镜镜体和冷光源两部分组成。电子内镜与纤维内镜构造基本相同,其以光敏集成电路摄像系统代替了光导纤维传像束,图像更加清晰直观。目前,多数动物医院使用的基本为电子内镜(图9-32)。下面以胃镜为例,介绍动物内镜的使用方法和注意事项。

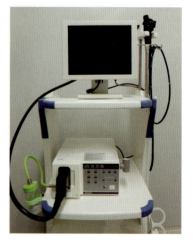

图9-32 动物用电子胃镜

9.6.6.1 胃镜构成

胃镜由镜体、控制器和显示器组成。镜体主要由操作部、插入管和导光软管等附件组成。

9.6.6.2 胃镜检查适应症与禁忌症

(1)适应症 患病动物表现出上消化道症状,或出现不明原因上消化道出血,疑似上消化道肿瘤时,可做内镜检查有助于确诊。对已确诊的疾病,如胃溃疡、萎缩性胃炎和息肉病等,可做胃镜进行随诊。另外,对于部分食管或胃内异物,也可尝试通过胃镜取出。

(2)禁忌症 动物做胃镜检查需在全身麻醉(吸入麻醉)状态下进行,所以动物首先要保持稳定的生命体征。动物如有严重的肺部疾病、心脏疾病、大出血或疑似胃肠穿孔,则不能进行胃镜检查。

9.6.6.3 胃镜使用方法

（1）动物准备　进行胃镜检查的动物应严格按照全身麻醉的要求进行禁食禁水、术前检查、全身麻醉和麻醉监护。动物一般采用左侧卧位，方便内镜通过角切迹进入幽门。

（2）仪器准备　检查镜体插入管表面是否光滑，弯曲部弯曲是否顺畅，外皮是否有破损，管道系统是否通畅，胃镜角度控制旋钮是否正常，光源、监视器工作是否正常。把胃镜与光源、吸引器、注水瓶连接好，注水瓶内应装有 1/2~2/3 的蒸馏水。检查胃镜注气、注水、吸引等功能是否正常，将内镜角度旋钮置于自由位。

（3）插镜方法　术者面向患病动物，左手持操纵部，右手在距镜端 20 cm 处持镜，沿动物上颌到达咽后壁，轻柔地插入食管。在显示器上观察，从食管上端开始循腔进镜，依次食管→贲门→胃体→胃窦→经幽门→十二指肠。观察内容包括：黏膜色泽、光滑度、黏液、蠕动情况及内腔的形状等。当腔内充气不足而黏膜贴近镜面时，可少量注气，切忌注气过多。需抽气或吸引液体时，应远离黏膜，间断吸引。当接物镜被沾污时，可少量注水，清洗镜面。发现病变应确定其性状、范围及部位，并详细记录。必要时可进行摄影、活检及细胞学取材。

（4）检查结束后　术者右手持镜缓慢拔出。

9.6.6.4 胃镜清洁与消毒

（1）物品准备　中性洗涤剂、多酶清洗液、2% 戊二醛消毒液、盛水容器、全管路灌流器、防水帽、测漏器、清洗刷、注射器、橡胶手套和纱布等（图 9-33）。

（2）清洗　胃镜检查完毕后，立即用湿纱布擦去外表污物，并反复交替注气、注水至少 10 s，取下胃镜并装好防水盖。将胃镜和附件放入清洗槽内，用流动水清洗镜身、活检橡皮盖、吸引按钮、送气送水按钮及管道 30 s 以上，同时用毛刷刷洗管腔 3 次以上。用小刷刷洗钳瓣内面和关节处。将水洗完后的胃镜和附件擦干，将内镜及附件、按钮完全浸泡在多酶清洗液（浓度为 0.5%，现用现配）中浸泡 10~15 min，并用注射器吸多酶洗液

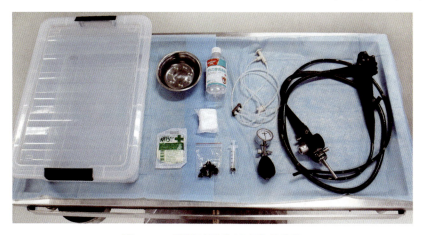

图 9-33　胃镜清洗和消毒物品准备

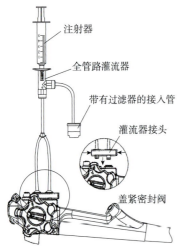

图 9-34　胃镜全管路灌流示意

灌满各管道（图 9-34）。再次用清水清洗内镜外表面及各种附件、按钮，同时连接吸引器反复冲洗各管道。擦干镜身及附件，用吸引器或泵排干各管道内水分。

（3）消毒　将内镜、按钮及各附件放入 2% 戊二醛（现用现配）消毒液中浸泡，并用注射器将消毒液注入各管道内，常规消毒 15 min，传染性疾病患畜使用后的胃镜需消毒 45 min。

（4）再次清洗　用流水清洗内镜外表面及各种附件、按钮，同时连接吸引器反复冲洗各管道，将消毒液清洗干净。用灭菌纱布擦干镜身并吹干管道水分，安装好各按钮。

9.6.6.5　胃镜的保养

①把胃镜储存于专用洁净柜或镜房内，镜体应悬挂，将光源接头部承起，弯角固定钮应置于自由位。保管场所要清洁、干燥、通风好、温度适宜，避开阳光直射、高温、潮湿和 X 线照射的地方。

②送气送水按钮、吸引按钮、活检钳瓣在清洗、消毒、干燥后，涂上硅油。

③附件要尽量采用开放保管（悬挂或平放），盘曲直径不要少于 20 cm。

④建立胃镜使用登记制度，及时记录使用、损坏及维修情况。

第 10 章 住院部

住院部是为患病动物提供持续护理和诊治的场所，良好的护理不仅能让动物感到舒适，还能加速动物康复。住院部工作内容主要包括病房清洁与消毒、体格检查、营养支持、排泄和运动、创伤处理、理疗、液体治疗和护理记录等。

【实训目的】

（1）按要求完成动物病房的清洁、整理与消毒工作，为患病动物提供舒适的居住环境。
（2）掌握给患病动物进行体格检查、营养支持、牵遛运动和辅助排泄的方法。
（3）按照医生处方给患病动物进行创伤处理，完成给药计划。
（4）正确采集、标记和储存动物血液、分泌物、尿液或粪便样品等。
（5）熟悉动物常见外科手术和内科疾病的护理方法。

【实训内容】

10.1 住院部环境与卫生

10.1.1 病房设计

①犬病房和猫病房应分开，分别设犬/猫传染病隔离病房，与非传染病房分开。另外，设重症监护室，配有必要的吸氧设备、加温垫、输液泵和监护设备等。

②犬、猫病房一般为与体型大小相匹配的笼舍，笼舍应足够大以便动物站立、活动和轻松地转身。

③病房应有清洗池、排风系统或空气净化装置，安装紫外线灯等空气消毒设施，方便笼舍和环境清理消毒。

④病房有相应处置台，方便给患病动物进行简单创伤处置、样品采集、换药、配药和给药等。

⑤病房有相应物品柜，用于放置尿垫、食盆、水盆、猫/犬粮、罐头、毛毯、猫砂、猫砂盆/铲、玩具和牵引绳等物品。

10.1.2 病房清洁与消毒

住院部工作人员一项重要的职责就是做好病房清洁与消毒工作，防止动物交叉感染和院内感染。住有患病动物的笼舍每天至少清理消毒一次，如发现笼舍内有粪便、尿液或呕吐物等，必须及时清理，未住有动物的笼舍也应定期清理消毒，以保证病房内的环境卫生。在清洁病房时，工作人员穿好工作服、戴口罩和手套。表10-1列出的住院部笼舍日常清理程序，供参考。

表10-1　住院部笼舍日常清理消毒规程

顺序	操 作	备 注
1	将动物移除笼舍或放入临时的笼舍（不能是其他动物的笼子）	清理笼子，避免动物逃跑
2	移除尿垫或报纸、食盆、水盆和玩具等	清洗食盆和水盆，扔掉尿垫或报纸等一次性用品
3	用铲子清理排泄物（如粪便）	所有的废物应处理得当
4	用去污剂刷洗，并用清水冲洗干净	清理污物和碎屑，以免影响消毒效果
5	喷洒消毒，保证充足消毒剂作用时间	选择气味小或无刺激性气味的消毒剂
6	擦干消毒剂，充分干燥	防止弄湿动物的爪子或被毛
7	更换新的尿垫或报纸	填写清洁消毒记录
8	将动物放回笼舍	清洁完毕

对于患有传染病动物居住的隔离病房消毒时，工作人员应身穿防护服和鞋套，配戴口罩和手套，清洁完毕后，这些一次性用品应放入专门的医用垃圾桶。隔离病房与普通病房的所有物品应严格区分，分别消毒清洗，避免交叉感染。动物出院后，应立即清理笼舍并消毒，消毒结束后，铺上报纸或尿垫，示意可接受新的动物入住。

10.2　护理内容

动物住院期间，应给予良好的护理，基本护理内容包括以下几个方面。

10.2.1　体格检查

体格检查主要包括测量体温、呼吸及脉搏，观察动物精神状态、可视黏膜颜色和CRT等。仔细的体格检查有助于早期发现异常情况并及时给予处置。因此，对于每个住院动物，每天应至少进行一次体格检查，危重病例应遵医嘱后提高检查频率。

10.2.2　排泄物

动物在住院期间需密切关注其尿液和粪便的排出情况。在入院时，应与动物主人了解动物习惯的排泄方式，如猫在猫砂盆中排泄，多数犬则喜欢在牵遛时的草地、墙角或空地排便等。如泌尿系统疾病通常安置导尿管及尿袋，需定期观察动物排尿姿势、尿量和颜色等。如消化系统疾病通常要重点关注排便次数、粪便状态和颜色等。若动物多日未见排便出现便秘时，则需要给动物灌肠，辅助排便。

10.2.3 样品采集与化验

根据动物病情恢复情况，由医师决定当日实验室检查项目，助理应进行相应样品采集、送检或化验等工作，如血液、体腔液、尿液、粪便和分泌物等。

10.2.4 药物给予

住院部工作人员需要具备阅读并执行兽医师开具的处方的能力，掌握埋置留置针、无菌静脉滴注技术。另外，还需要学会计算脱水和维持时的输液量、输液速度，并需要在输液过程中对动物进行监护，在给药前需与处方核对。

10.2.5 营养支持

观察动物有无主动进食和饮水的欲望，根据动物体况及病情恢复情况决定食物给予的方式及饲喂量。在允许进食且动物有食欲的情况下，应给予营养丰富、适口性好和易消化的食物。如动物完全无食欲但应该进食的情况下，则应考虑通过鼻饲管或者食道饲管给予食物，注意给予食物的温度和新鲜程度，同时做好饲管的护理工作。如动物虽然有食欲但还不能进食时，应通过静脉给药的方式，给予必要的营养和能量，满足动物代谢需求。

10.2.6 伤口处理

对于术后住院的动物，在拆线前需要定期检查手术创口，检查创口有无出血、炎症、感染和动物自我损伤等。如动物为感染创伤，工作人员应根据创伤恢复阶段，为其进行合适的处理和用药，并进行良好的包扎。

10.2.7 活动/运动

随着病情的恢复，动物特别是犬每日也应有一定的活动时间。在牵遛犬只时，应束好牵引绳，如动物有捡拾异物的习惯，应佩戴嘴罩。部分犬喜欢在牵遛时排泄，应注意观察排泄物性状。如为骨折类病例，前期应限制活动，在允许适量活动时，应注意动物的运步姿势有无异常。

10.2.8 动物清洁

在住院期间，要保持动物的清洁卫生，每日给动物梳理毛发，及时清理眼、鼻、口腔分泌物和排泄物。

在护理期间，一旦发现任何异常，应及时告知主治兽医师进行相应处理。对于以上护理内容，应进行详细记录，直到动物出院为止。表10-2是一个简单的护理记录样表，通常用于病情稳定的动物。如果动物处于重症状态，通常会根据病情使用更详细的记录表。出院后，应将该表放在动物病历档案袋中保存。

表 10-2　住院动物护理记录表

病历号：		动物名字：		品种：		年龄：		体重：	
性别：□雌　□雄　□雌（已绝育）　□雄（已去势）				主人姓名：			联系电话：		
入院原因：									
入院日期：					出院日期：				
负责医师：					负责助理：				
日期/时间									
体温/℃									
心率/(次/min)									
呼吸/(次/min)									
黏膜颜色									
CRT									
食物									
饮水									
排尿									
排便									
牵遛/活动									
手术伤口情况									
给药记录									
诊疗建议									

10.3　护理分级

根据患病动物病情及动物自理能力，除每日必须提供的基础护理外，护理分为四个等级：特级护理、一级护理、二级护理和三级护理。主治兽医师可根据动物病情、体况和自理能力变化，随时调整护理等级。病房助理根据护理级别和兽医师制订的诊疗计划为患病动物提供基础护理服务和专业护理技术服务。

10.3.1　特级护理

（1）适用对象　病情危重，随时可能发生病情变化需要进行抢救的患病动物；各种复杂或者大手术后的患病动物；严重创伤或大面积烧伤的患病动物；其他有生命危险，需要严密监护生命体征的患病动物。

（2）护理要求　主治兽医师应根据动物病情制订详细的护理计划；24 h 由专人看护，根据情况每 15~30 min 观察和记录体温、脉搏、呼吸、意识、瞳孔和尿量的变化，做好记录；按护理计划完成各项治疗和护理，如给药、采样等；每 2~3 h 帮助不能翻身的动物更换体位。

10.3.2　一级护理

（1）适用对象　病情趋向稳定的重症患病动物；手术后或者治疗期间需要严格笼养的患病动物；生活完全不能自理且病情不稳定的患病动物；生活部分自理，病情随时可能发生变化的患病动物。

（2）护理要求　主治兽医根据病情制订护理计划，并由助理严格执行；每小时巡视患病动物一次；严密观察体温、脉搏、呼吸、血压、瞳孔和意识等变化，做好记录；注意观察病情，按时执行医嘱；保持引流管的畅通，注意引流物的色、量以及性质；认真做好基础护理。

10.3.3　二级护理

（1）适用对象　病重期急性症状消失，大手术后病情稳定，但生活不能自理的动物；年老体弱或患有慢性病的动物；普通手术后，需要输液治疗的动物；严重腹泻和/或呕吐的动物等。

（2）护理要求　每日早晨进行体格检查；每 2 h 巡视一次；注意观察病情，按时执行医嘱；认真做好基础护理。

10.3.4　三级护理

（1）适用对象　一般慢性病、轻症、术前检查准备阶段的动物；各种疾病或术后恢复期，生命体征稳定不需要输液治疗的动物。

（2）护理要求　每日巡视 3 次；根据需要测量体温、脉搏和呼吸；按时执行医嘱；认真做好基础护理。

10.4　住院动物围手术期的护理

10.4.1　住院动物围手术期常规护理

（1）术前护理　对于需要进行手术治疗的动物，非紧急手术，通常提前一天安排入院，做好全面的术前检查和麻醉准备，以降低动物手术和麻醉风险。术前护理注意事项如下：

①麻醉前 6~8 h 禁食，3 h 禁水。

②入院后评估动物水合状态，包括主诉、病史、体格检查、实验室检查和其他检查数据（如血压、ECG 等），根据评估结果，纠正体况以便动物以最好的状态接受麻醉。

③应手术室要求将动物送至手术室进行麻醉，必要时跟进手术以明确术中情况。

（2）术后护理　手术结束后，获取术后医嘱，将动物接回住院部，根据动物体况，确定护理级别。在动物未完全苏醒之前，应由专人看护，苏醒后辅助站立，避免跌落、撞碰和摔伤。在吞咽功能未完全恢复之前，禁止饮水和喂饲，以防误咽。全身麻醉后的动物体温会出现不同程度的降低，可以给动物准备毛毯或加热垫，给动物保温。麻醉后 24 h 内应密切关注动物生命体征的变化，若发现异常，应尽快报告主治医生，尽快找出原因。对于危重病例，要注意评价患病动物的水和电解质的变化，若有异常及时予以纠正。

10.4.2　外科手术动物护理各论

10.4.2.1　生殖系统手术术后护理

常见的生殖系统手术包括：正常生理手术（卵巢子宫摘除术和去势术）、病理性卵巢子宫摘除术、剖腹产、隐睾肿瘤切除术等。正常生理手术通常进行三级护理即可，而其他病理手术则应根据动物的病情和体况，确定护理等级。下面以子宫蓄脓为例，术后护理注意事项包括：

①围手术期做好监护，子宫蓄脓动物术后可能出现心律失常、肺部渗出、低体温、顽固性低血压等情况，故应持续监测动物生命体征，包括体温、呼吸、心率（心律）和血压，直至指标稳定。

②术后 6~8 h 后，鼓励动物活动和饮食，可给予流质、适口性好、易消化的食物。

③评估动物的水合状态，子宫蓄脓动物常见脱水。

④术后监测尿量（一般先为 24 h，视实际情况调整监测时长），子宫蓄脓本身可能引起多尿和肾脏损伤，动物术前存在氮质血症、术中常见低血压，术后可能出现少尿（肾前性或肾性），需根据尿量及时调整输液量。

⑤术前已出现子宫破裂的病例，术后应注意观察动物是否出现败血性腹膜炎的征兆。

⑥术后可能出现阴门持续排出分泌物的情况，记录分泌物的量、性状和频率，并进行及时清理，分泌物一般在数天内逐渐减少至消失。

10.4.2.2　泌尿系统手术术后护理

常见的泌尿系统手术包括：膀胱切开术、肾盂切开术、膀胱尿道修补术、膀胱部分切除术和尿道造口术等。根据动物病情和体况，确定护理等级。下面以膀胱切开术为例，术后护理注意事项包括：

①术后密切监测动物的生命体征，如有需要，根据主治医生要求，定期采集血液和尿液样品进行血常规、血液生化、血气和电解质及尿常规等复查。

②术后 6~8 h 开始给予少量饮水，若无呕吐表现，则开始给予食物，根据动物具体病情，选择给予常规食物或处方粮（如泌尿道处方粮/肾病处方粮）等。

③泌尿系统手术术后一般留置导尿管并接尿袋。应定期（间隔2~4 h）检查导尿管，确保导尿管通畅，连接紧密。根据护理所要求的时间频率，使用导尿管放尿，记录尿量和性状。每次操作前后用碘伏消毒接口及操作人员的手指，避免逆行性尿路感染。导尿管单次留置时间建议不超过3天，若继续留置则需更换。

④对于未安置导尿管或已拔出导尿管的患病动物，应密切关注动物的排尿姿势（姿势正常、姿势异常、排尿困难、尿失禁）、排尿频率（频率正常、不排尿、尿频）、尿量（多尿、少尿、无尿）和尿液性状（颜色、清澈/浑浊、气味）等，如有异常应及时通知主治兽医师，有助于早期术后并发症的识别。在动物体况允许的条件下，鼓励多次牵遛外出，并观察排尿情况。

10.4.2.3 消化系统手术术后护理

消化系统手术泛指与食道、胃至直肠的相关手术，包括食管切开、胃切开、肠切开、肠切除与端端吻合和胃扩张扭转整复术等。其适应症主要包括：机械性胃肠梗阻、胃扩张扭转综合征和胃肠穿孔等。由于胃肠道内属有菌环境，此类手术属于污染手术，术后尤其要注意监测胃肠泄露和细菌性腹膜炎的发生。下面以胃切开术为例，术后护理注意事项包括：

①注意监测精神状态和生命体征，如有需要，根据主治兽医师要求，定期采集血液样品进行血常规、血液生化、血气和电解质等复查。

②术后8~12 h开始少量进水，若无呕吐表现，则术后24~48 h开始少量给予食物，由半流质食物逐渐过渡至正常饮食。可以选择低脂易消化罐头或处方粮等。

③密切观察动物对腹部触诊的反应、腹围的变化、术部有无渗出及渗出液的性状等，如出现长时间无食欲和呕吐等现象时应及时告知主治兽医师。

④术后鼓励动物活动，有利于避免术后肠梗阻，密切关注动物大便排出时间、大便状态和颜色等。

10.4.2.4 口腔手术术后护理

口腔手术涉及软组织及部分骨科手术，如拔牙术、牙周手术、上/下颌骨手术等。口腔手术术后护理注意事项包括：

①疼痛管理：术后主要使用非甾体抗炎镇痛药物缓解口腔疼痛。

②口腔卫生：保持口腔卫生促进创口愈合，术后1周采食后使用洗必泰冲洗口腔。

③营养支持：术后根据病情恢复情况，可以选择适口性好的半流质食物或软食，如罐头等，逐渐恢复正常饮食，术后7~10天禁止咀嚼玩具和较硬的零食，防止缝线开裂。

10.4.2.5 胸腔手术术后护理

胸腔手术包括：胸壁手术、胸膜腔手术、心血管手术、呼吸道手术及纵隔手术等。胸腔手术术后常规护理注意事项包括：

①术后一段时间内，应给予动物吸氧，持续密切关注动物的氧饱和度和体温、心率、呼吸等生命体征，如有需要，定期采集血液样品进行实验室检查。

②术后需要安置胸腔闭式引流管，定时挤捏引流管，避免引流管受压、扭曲、滑脱和堵塞，保持引流装置的密闭，注意无菌操作，注意观察引流管皮肤切口局部有无皮下气肿，适时移除引流管。

③胸壁手术后可能需要绷带包裹胸部，以减少动物舔咬伤口及血肿形成，注意绷带不宜过紧，否则可能影响动物呼吸。

④评估伤口情况，检查切口有无出血、渗血、渗液和敷料脱落现象。

⑤密切关注动物疼痛反应，及时止疼以防过度的疼痛影响动物的呼吸；可选择阿片类、非甾体类抗炎药、布比卡因或利多卡因进行肋间阻滞。

10.5 常见内科病护理

10.5.1 肾脏疾病的护理

肾脏疾病护理重点是液体治疗，对于住院动物要仔细计量动物液体摄入量和排出量，根据动物的水合状态，及时调整治疗方案。护理时，应注意以下事项：

①监测动物体重、血压、黏膜颜色、氧饱和度、CRT 和 T、R、P 等生命体征，如有需要，根据主治兽医师要求，定期采集血液样品进行血常规、血液生化、血气和电解质等复查。

②监测动物水合状态，如摄取（静脉输液、饮水等）和排出（尿液、呕吐腹泻和体腔液丢失等）。尿量监测有留置导尿管法、牵遛法（计算体重差）和尿垫法（计算垫料重量差）。水合正常的情况下，每小时尿量为 1~2 mL/kg，尿量 < 1 mL/kg，考虑为少尿；尿量 > 2 mL/kg，考虑为多尿；尿量 < 0.5 mL/kg 或完全无尿液，考虑为无尿。

③观察动物的精神状态：是否出现呕吐、腹泻、口腔溃疡、舌尖或边缘是否有坏死等症状，观察大便状态，如发现有任何异常，应及时告知主治兽医师。

④营养支持：部分动物食欲减退，应提供适口性好的肾脏处方粮。

⑤透析：当肾脏出现严重损伤，支持疗法治疗无效时，可以考虑采用血液透析或腹膜透析的方式进行治疗。透析期间，应注意无菌操作，每天观察动物四肢末端有无水肿表现，体表透析管每天消毒 2~3 次。如为腹膜透析，应观察放出液状态，有无腹膜炎感染迹象等。

10.5.2 急性胰腺炎的护理

急性胰腺炎是由胰蛋白酶原过早激活或胰蛋白酶消除减少所引起的系统性炎症反应综合征，轻者只出现轻度的系统性炎症反应，表现为厌食及偶发呕吐，重者可出现严重的多器官功能不全和弥散性血管内凝血，表现为虚脱或休克。急性胰腺护理要点如下：

①密切关注动物血压、黏膜颜色、氧饱和度、CRT、T、R 和 P 等生命体征，如有需要，

根据主治兽医师要求，定期采集血液样品进行血常规、血液生化、血气和电解质等复查。

②监测动物水合状态、皮肤弹性及眼窝凹陷情况等，评估其脱水情况。患病动物因频繁呕吐和腹泻，可能出现不同程度的脱水，应监测动物的尿量，根据动物水合状态调整输液方案。

③观察动物的精神状态：胰腺炎可能波及上消化道和横结肠，引起胃肠道出血，应密切关注动物有无呕吐、腹泻等，记录呕吐物和大便的状态，如出现呕血、黑粪或便血等情况时应及时告知主治兽医师，及时帮动物清理并保持动物体表清洁。

④疼痛评估与管理：急性胰腺炎的动物可能伴有前腹部不同程度的疼痛，动物表现弓腰、呻吟、不安、来回踱步及腹壁触诊紧张或敏感，应密切关注动物姿势的变化，及时应用镇痛或止痛药物。

⑤营养支持：患有胰腺炎的犬、猫，为避免食物刺激胰腺分泌，在治疗初期应给予肠外营养支持，待呕吐、腹胀等症状消失和血液指标逐步好转后再给予肠内营养。食物应选择低脂肪高碳水化合物或专用处方粮。

10.5.3　猫肝脏脂质沉积（FHL）的护理

猫肝脏脂质沉积（FHL）是由外周脂肪过度动员引起肝细胞内脂肪沉积，从而导致肝细胞肿胀、肝内胆汁淤积以及急性肝功能不全的疾病。原发性 FHL 一般见于厌食而迅速消瘦的肥胖猫，病因通常不明；继发性 FHL 见于存在基础疾病（如胰腺炎）的猫（体况评分一般比原发性的低）。典型的症状包括黄疸、间断性呕吐和厌食。猫肝脏脂质沉积的护理要点如下：

①密切关注动物黏膜颜色、CRT、T、R 和 P 等生命体征，如有需要，根据主治兽医师要求，定期采集血液样品进行血常规、血液生化、血气和电解质等复查。

②患有肝脏脂肪沉积的动物通常需要安置鼻饲管或食道饲管，要做好饲管的护理工作，定时给予优质的半流质食物，少量多次，待动物食欲逐渐恢复后可拆除饲管。

③密切关注动物精神状态，观察有无呕吐、腹泻等情况和大便次数及性状等，如有异常应及时告知主治兽医师。每天让动物在笼外进行适当运动，促进胃肠蠕动和排便。每天在有人看管的情况下让动物在笼外进行适当运动，促进胃肠蠕动和排便，运动后将动物放回笼内并确保笼门关闭确实。

10.5.4　心脏病的护理

心脏病是犬、猫临床常见内科疾病，一般分为先天性心脏病和后天性心脏病。患有心脏病的犬、猫可能会表现出呼吸困难、经常咳嗽、乏力、不爱活动、运动不耐受、食欲下降、体重减轻、突发昏厥等症状。对于确诊患有心脏病的动物，在住院时护理要点如下：

①保持住院环境安静，避免应激，减少动物活动，让其在笼内休息，注意保温。

②观察动物可视黏膜颜色,监测动物血压、氧饱和度、CRT、T、R 和 P 等生命体征,观察动物有无咳嗽、呼吸困难等症状,如有任何异常,应及时告知主治兽医师。

③给予动物适口性好、优质、低盐的处方粮。

④根据动物血液学检查,结合动物实际病情,合理用药,控制输液量及输液速度。

第 11 章　急诊室

动物急诊是指动物医生通常需要接诊各种临床症状和病情危重的患病动物，依靠动物主人提供的信息、体格检查结果和初始诊断，为其进行病情评估，确定治疗优先级，稳定病情，并提供针对性的救治。有些动物医院可能没有专门的急诊科室，但应建立动物急诊应急制度，完善急诊流程，定期开展急诊业务培训等，以便提高急诊动物救治成功率。

【实训目的】

（1）掌握初步检查和身体主要系统的评估。
（2）初步对危重病例病情做出预后预测。
（3）正确掌握心肺复苏的方法和注意事项。
（4）初步掌握危急重症动物的支持性治疗。

【实训内容】

11.1　急诊病例分级与评估

11.1.1　急诊预检分级

对急诊病例分级是一件重要的事情，可以评估并确定重症动物的治疗优先级。在兽医学中，还没有正式的公认分级系统，兽医师须依靠病史信息和经验来快速判断。根据 Rockar 等在 1994 年总结发表的动物创伤分级（animal trauma triage，ATT）评分系统，可对患病动物进行分类和预后判断。分别对患病动物的循环灌流、心脏功能、呼吸系统、局部损伤、骨骼和神经系统 6 个方面进行评估（表 11–1），每个方面的评分为 0~3 分，0 分表示未受影响，3 分表示严重损伤。将 6 个方面的评分相加，最高为 18 分，评分每增加 1 分，死亡率可能会增加 2.3~2.6 倍。一般而言，在兽医临床中，分级过重优于分级过轻。不管是否使用分级评分系统，简单而全面的体格检查是判断危重患病动物状态的金标准。

11.1.2　急诊病情评估

不管是否采用急诊预检分级系统，在接诊急诊动物时，都应进行简单而全面的体格检查。初始检查应包括视诊和四大系统（心血管系统、呼吸系统、神经系统和泌尿系统）的检查。

表 11-1 动物创伤分级评分表

评价内容	指征	得分
循环灌流	黏膜呈粉红色，湿润，CRT < 2 s，T ≥ 37.5 ℃，脉搏有力、整齐	0
	黏膜充血或浅粉红色，发黏，CRT < 2 s，T ≥ 37.5 ℃，脉搏正常	1
	黏膜呈淡粉红色，发黏，CRT 2~3 s，T < 37.5 ℃，脉搏较弱	2
	黏膜呈灰色、蓝色或白色，CRT > 3 s，T < 37.5 ℃，无脉搏	3
心脏功能	犬心率 60~140 次/min，猫心率 120~200 次/min，正常窦性心律	0
	犬心率 140~180 次/min，猫心率 200~260 次/min，正常窦性心律	1
	犬心率 > 180 次/min，猫心率 > 260 次/min，持续性心律不齐	2
	犬心率 < 60 次/min，猫心率 ≤ 120 次/min，不规则的心律不齐	3
呼吸系统	呼吸规律，无腹式呼吸，无喘鸣	0
	呼吸频率和呼吸做功稍有增加，有或无腹式呼吸，有轻微呼吸音	1
	呼吸频率和呼吸做功中度增加，有腹式呼吸，肘外展，呼吸音明显	2
	明显的呼吸做功或喘气或濒死式呼吸，很少或没有气体通过	3
局部损伤	没有或表皮创伤，眼角膜无荧光素着色	0
	皮肤全层创伤但未及深层组织，眼角膜裂伤但未穿孔	1
	完整，角膜穿孔、眼球刺破或眼球脱出	2
	胸部或腹部透创，皮肤全层创伤且及深层组织，如血管、神经和肌肉	3
骨骼	没有明显骨折或关节松弛	0
	闭合性肢体、肋骨或下颌骨骨折，单个关节松弛/脱位；单侧骨盆骨折；单个肢体腕骨或跗骨以下开放性或闭合性骨折	1
	单处腕骨或跗骨以上长骨开放性骨折，没有头骨、下颌骨骨折	2
	椎体（非尾椎）骨折或脱位，腕骨或跗骨以上多处长骨开放性骨折，或伴有皮质骨丢失	3
神经系统	中枢神经：有意识，警惕，对周围环境感兴趣；外周神经：脊髓反射正常，四肢检查反射正常	0
	中枢神经：精神呆滞或沉郁；外周神经：脊髓反射异常，四肢检查反射正常	1
	中枢神经：无意识，但对疼痛刺激可做出反应；外周神经：无目的的运动，单个肢体对检查无疼痛反应，尾巴或肛门刺激反应减弱	2
	中枢神经：对所有刺激反应，顽固性癫痫；外周神经：2 个以上肢体对检查无疼痛反应，尾巴或肛周刺激无反应	3

11.1.2.1 视诊

视诊是在体格检查前，通过简单的目视检查，获得患病动物的精神、对外界的反应性、呼吸频率和呼吸功能等信息。首先，检查动物的气道是否通畅；其次，判断动物的呼吸是否为有效呼吸，动物因剧烈疼痛或创伤时的喘息并非有效呼吸方式；最后，观察动物的循环系统有无异常，进行脉搏触诊，若未能触及脉搏，则进行心脏听诊。这些初步检查应在

60 s 内完成，然后进入下一步评估，主要包括：心血管系统评估、呼吸系统评估、神经系统和泌尿系统的评估。但对于出现呼吸微弱、心跳停止的患病动物应立即进行心肺复苏，如有危及生命的创伤（如大出血）则应立即止血。

11.1.2.2　心血管系统评估

患病动物急诊分级时，心血管系统着重评估动物是否休克，低血容量性休克是兽医学上最常见的休克类型。主要通过可视黏膜颜色、体温和CRT来评估循环灌注情况。灌注不良的症状包括黏膜苍白、低体温、CRT延长（>2 s）甚至缺失。评估心率和心律时，同时触诊股动脉和跖背侧动脉脉搏，以评价近端和远端灌注差异。评估肢端的末梢温度和直肠温度，全面了解患病动物的灌注情况。

心血管系统初步检查后，应使用诊疗设备观测血压、心电图（ECG）、血气、红细胞比容（HCT）、总蛋白（TP）和乳酸等。示波法测量间接血压较方便，可以设置为间隔循环测量，便于自动获得反复测量的数据。ECG 有助于评估心律失常，静脉血气监测有助于确定心血管系统损害的潜在病因、评估细胞内的氧输送和代谢情况。HCT 和 TP 有助于评估血液和/或蛋白丢失、脱水程度的判断。乳酸是无氧代谢的标志物，在休克动物通常升高。

11.1.2.3　呼吸系统评估

初始呼吸系统评估包括：评估动物呼吸类型、呼吸频率和力度的增加、是否存在发绀（黏膜青紫色）的症状。但发绀仅见于严重的低氧血症，因此未出现发绀的症状不能排除低氧血症。当动物出现呼吸系统异常时，动物可能出现异常姿势来平缓呼吸，如头颈部伸长、站立或呈犬坐姿势、肘部外展、吸气时鼻翼翕动。严重呼吸困难的动物会侧卧，这是即将发生呼吸骤停的征兆，猫张口呼吸通常提示严重的呼吸困难。所以，一旦发现动物呼吸型改变或表现呼吸做功，则要立即输氧，并连续监测动物血氧饱和度，直至确认动物已充分氧合。进一步的呼吸系统评估包括上呼吸道、气管、胸部听诊和肺部 X 线检查。根据以上检查综合判断呼吸窘迫的解剖学部位，如上呼吸道阻塞、气胸、胸腔积液、心源性肺水肿和肺实质浸润等。同时，不要忽视疼痛、应激与焦虑对呼吸频率和呼吸做功的影响。

11.1.2.4　神经系统评估

神经系统的初始评估常与呼吸系统和心血管系统评估同时进行。意识正常的患病动物是警觉的，可辨认周围环境；迟钝的患病动物有不同程度的反应性减弱；昏睡的患病动物只对有害或过度刺激反应，而昏迷的患病动物对任何刺激都无反应。所有急诊动物，低血容量性、低氧性、分布性和心源性休克会导致脑部灌注和氧合作用降低，可能对精神状态造成深远影响，所以患病动物神经系统的初始评估必须综合考虑动物的整体灌注状态。可用改良格拉斯哥昏迷评分（MGCS）评估神经系统损伤的严重程度（表 11-2）。通过对运动功能、脑神经功能和意识水平评估，得分 3~8 分通常预后不良，9~14 分预后差或谨慎，

表 11-2　改良格拉斯哥昏迷评分表

评价内容	评价指标	得分
运动功能	步态正常，脊髓反射正常	6
	偏瘫，四肢轻瘫，去大脑僵直*	5
	横卧，间歇性伸肌僵硬	4
	横卧，持续性伸肌僵硬	3
	横卧，持续性伸肌僵硬伴角弓反张	2
	横卧，肌肉张力下降，脊髓反射消失	1
脑神经功能	瞳孔对光反射和头眼反射正常	6
	瞳孔对光反射迟钝，头眼反射正常或迟钝	5
	双侧瞳孔缩小，对光无反应，头眼反射正常或迟钝	4
	针尖样瞳孔，头眼反射迟钝甚至消失	3
	单侧瞳孔散大，对光无反应，头眼反射迟钝甚至消失	2
	双侧瞳孔散大，对光无反应，头眼反射迟钝甚至消失	1
意识水平	警觉，对周围环境有反应	6
	精神沉郁或意识下降，有反应但可能反应不恰当	5
	半昏迷，对视觉刺激有反应	4
	半昏迷，对听觉刺激有反应	3
	半昏迷，仅对反复的伤害性刺激有反应	2
	昏迷，对重复的伤害性刺激无反应	1

注：* 表现颈部伸展、四肢过度伸展和意识下降。

15~18 分预后良好，但该评分和确切的预后可能会随着治疗的干预有所改善。在进行神经系统评估时，除非确定氧合充足，否则都要通过氧气面罩、直流式吸氧或氧箱为患病动物供氧。

11.1.2.5　泌尿系统评估

在心血管系统、呼吸系统和神经系统评估完成后，并已及时处理了紧急的初始异常后，再进行泌尿系统的评估。所有的患病动物都要触诊膀胱，以便评估尿道是否通畅。尿道阻塞后，膀胱不能排空而变得胀大、坚硬和疼痛。触诊不到膀胱也不能断定膀胱破裂，因为脱水、近期已排尿、无尿或少尿型肾衰竭也可能导致膀胱过小不易触及。放置导尿管有助于泌尿系统损伤的动物精确记录排尿量，有助于疑似膀胱或尿道损伤的动物及不能行走的动物维持膀胱减压。进一步的泌尿系统检查包括：B 超、X 线等影像学检查、尿液检查、血液生化和血气等检查。在评估过程中，应尽快为动物建立静脉给药通路，如外周静脉导管或中心静脉导管。若发现动物有疼痛、应激、恐惧或焦虑等表现，应及时给予镇痛和镇静药物。

11.2 心肺复苏

心肺复苏（cardiopulmonary resuscitation, CPR）是指当动物突然发生心跳呼吸停止时对其迅速采取的一切有效抢救措施。动物心肺骤停后即停止通气和血液循环，脑部在停止氧气供应 3 min 后即开始发生不可逆转的损伤，因此被称为心肺复苏的"黄金三分钟"。在动物出现没有脉搏、没有心跳、可视黏膜苍白/紫绀、双侧瞳孔放大、眼球中央固定、CRT 时间延长，没有呼吸运动或出现濒死式呼吸、手术部位不出血、ECG 显示心搏停止或心室颤动时，应立即实施心肺复苏术。

11.2.1 心肺复苏基本方法

基础生命支持是心肺骤停后挽救动物生命的基础，主要措施有：A（airway）开放气道、B（breathing）人工通气、C（circulation）建立人工循环、D（drug）药物治疗。

11.2.1.1 开放气道

首先检查动物呼吸道，清理口咽部异物、分泌物或呕吐物等，将舌头拉出口腔置于一侧，有条件的应立即进行气管插管。

11.2.1.2 人工通气

连接气管插管，使用呼吸机或气囊给予 100% 氧气，呼吸频率设置为 10~20 次/min。如果没有呼吸机或急救气囊，也没有进行气管插管，可进行人工呼吸。用手罩住动物鼻子，向鼻孔内吹气 3s，保证肺部充满足够多的氧气。

11.2.1.3 建立人工循环

在进行人工通气的同时，应听诊动物心跳，若无心跳，应立即进行胸外心脏按压建立人工循环。动物右侧卧保定，施救者根据动物体型大小采用合适的力量，在动物第 4~6 肋间进行心脏按压，频率为 80~120 次/min。对于体重小于 5 kg 的动物可使用一只手按压心脏，或者一只手抵住动物背部，另一只手环捏心脏；对于体重大于 5 kg 的动物可使用双手按压。每按压 3~5 次，应进行人工呼吸一次。在进行心肺复苏的同时可监测呼末二氧化碳，当呼末二氧化碳小于 10 mmHg（13.3 cm H_2O）时，心肺复苏的成功率较低。

11.2.1.4 药物治疗

心肺复苏药物以静脉给药为最佳途径，中心静脉给药优于四肢末端浅静脉。当缺乏静脉通路时，也可进行气管给药，气管给药的剂量通常为静脉给药剂量的 2.5 倍。气管给药后应立即用呼吸机或人工呼吸器向气管内连续加压吸气 5 次，使药液向两侧支气管与肺泡内分布，加速药物吸收。气管给药只有在肺部血流量足够的情况下才能迅速吸收发挥作用，所以，经气管给药过程中不可中断心脏按压。目前公认可经气管给药的药物有肾上腺素、阿托品、纳洛酮和利多卡因，而异丙肾上腺素、去甲肾上腺素、碳酸氢钠和含钙制剂等由于溶解度、酸碱度、渗透性和易致组织坏死等原因不宜经气管给药。心肺复苏常用药物及

表 11-3 CPR 常用药物及其剂量

适应症	药物	剂量
心搏停止	肾上腺素	0.01~0.1 mg/kg，IV
心动缓慢	阿托品	0.02~0.04 mg/kg，IV
心动过速	利多卡因	1~2 mg/kg，IV
逆转麻醉药物过量	纳洛酮（逆转阿片类药物）	0.002~0.2 mg/kg，IV
	氟马西尼（逆转苯二氮䓬类药物）	0.01~0.02 mg/kg，IV
	阿替美唑（逆转多咪静）	同多咪静剂量，IV
代谢性酸中毒	碳酸氢钠	1 mmol/kg，IV

剂量见表 11-3 所列，急救室应根据动物体重制定急救药物用表。

在以上急救措施实施的同时，在动物建立静脉留置针的前提下，可以按照犬 50 mL/kg，猫 25 mL/kg 的剂量输注胶体液，快速扩充循环血容量。

11.2.2 心肺复苏成功的标准

当可触及脉搏或心跳，收缩压 60 mmHg 以上，瞳孔可收缩，眼球可转动，可视黏膜由紫绀变成红润，自主呼吸恢复时可视为心肺复苏成功。

11.2.3 心肺复苏成功后生命监护与处理

动物心肺复苏成功后，仍需给动物供氧，并密切监测其各项生命体征和指标，包括体温、呼吸、心率、心律、脉搏、血压、氧饱和度、黏膜颜色和 CRT，并采集动物血液进行血常规、血液生化和血气分析，根据指标变化调整药物治疗方案，积极缓解动物病情。

参考文献

董利民，2016. 兽医行业的历史、现状与发展前景——兽医"古老"又年轻的行业 [J]. 中国畜牧兽医文摘，32(3):14-15.

靳二虎，蒋涛，张辉，2015. 磁共振成像临床应用入门 [M]. 2 版. 北京：人民卫生出版社.

李建基，刘云，2012. 动物外科手术使用技术 [M]. 北京：中国农业出版社.

李鹏，汪明，沈建忠，2017. 浅议新时代兽医人才培养 [J]. 中国兽医杂志，53(11):112-114.

刘学忠，张信军，李建基，等，2017. 教学动物医院规范化运营管理的探索 [J]. 当代畜牧 (27):54-55.

苏荣胜，陈义洲，潘兴杰，等，2014. 华南农业大学兽医专业学生在校动物医院轮岗实训模式的改革与成效 [J]. 现代农业科技 (15):331-332.

王媛媛，郝峰强，李卫华，2018. 美国临床兽医博士（DVM）与执业兽医和官方兽医的关系 [J]. 中国动物检疫，35(4):43-45.

ALBANESE F，2019. 犬猫皮肤细胞学 [M]. 刘欣，译. 北京：中国农业科学技术出版社.

ARONSON L R，2020. 小动物急诊外科 [M]. 丛恒飞，赵秉权，译. 武汉：湖北科学技术出版社.

RHODES K H，WERNER A H，2014. 小动物皮肤病诊疗彩色谱图 [M]. 2 版. 李国清，译. 北京：中国农业出版社.

ORPET H，WELSH P，2011. Handbook of veterinary nursing[M]. 2nd edition. New Jersey: Wiley Blackwell.

ROCKAR R A，DROBATZ K S，SHOFER F S，1994. Development of a scoring system for the veterinary trauma patient [J]. J Vet Emerg Crit Care，4(2):77-83.

SIMON R P，SIMONA T R，JOHN J M，2001. The prognostic value of the modified glasgow coma scale in head trauma in dogs [J]. J Vet Intern Med，15:581-584.

SIROIS M，2019. Laboratory procedures for veterinary technicians[M].7th edition. Holand: Elsevier.

SONSTHAGEN T F，2020. Tasks for the veterinary assistant[M]. 4th edition. New Jersey: Wiley Blackwell.

SYLVESTRE A M，2019. Fracture management for the small animal practitioner[M]. New Jersey: Wiley Blackwell.

WISNER E R，ZWINGENBERGER A L，2015. Atlas of amall animal CT and MRI[M]. New Jersey: Wiley Blackwell.

附 录

执业兽医职业道德行为规范

执业兽医是高度专业化的职业，为了提升执业兽医职业道德，规范执业兽医从业活动，提高执业兽医整体素质和服务质量，维护兽医行业的良好形象，中国兽医协会倡导执业兽医遵守职业道德为荣，违反职业道德为耻的职业荣辱观，特制定本规范。

第一条　执业兽医职业道德规范是执业兽医的从业行为职业道德标准和执业操守。

第二条　执业兽医应当模范遵守有关动物诊疗、动物防疫、兽药管理等法律规范和技术规程的规定，依法从事兽医执业活动。

第三条　执业兽医不对患有国家规定应当扑杀的患病动物擅自进行治疗；当发现患有国家规定应当扑杀的动物时，应当及时向兽医行政主管部门报告。

第四条　执业兽医未经亲自诊断或治疗，不开具处方药、填写诊断书或出具有关证明文件。

第五条　发现违法从事兽医执业行为或其他违法行为的，执业兽医应当向有关主管部门进行举报。

第六条　执业兽医应当使用规范的处方笺、病历，并照章签名保存。发现兽药有不良反应的，应当向兽医行政主管部门报告。

第七条　执业兽医应当热情接待动物主人和患病动物，耐心解答动物主人提出的问题，尽量满足动物主人的正当要求。

第八条　执业兽医应当如实告知动物主人患病动物的病情，制定合理的诊疗方案。遇有难以诊治的患病动物时，应当及时告知动物主人，并及时提出转诊意见。

第九条　执业兽医应当如实表述自己的执业情况和技术水平，不做虚假广告，不在诊治活动中弄虚作假。

第十条　执业兽医应当对动物诊疗的相关信息或资料保守秘密，未经动物主人同意不得用于商业用途。

第十一条　执业兽医在从业过程中应当注重仪表，着装整洁，举止端庄，语言文明。

第十二条　执业兽医应当为患病动物提供医疗服务，解除其病痛，同时尽量减少动物的痛苦和恐惧。

第十三条　执业兽医应当劝阻虐待动物的行为，宣传动物保健和动物福利知识。

第十四条　执业兽医应当积极参加兽医专业知识和相关政策法规的培训教育，提高业务素质。

附 录

第十五条　执业兽医应当积极参加有关兽医新技术和新知识的培训、研讨和交流，更新知识结构。

第十六条　执业兽医在从业活动中，应当明码标价，合理收费。

第十七条　执业兽医不得接受医疗设备、器械、药品等生产、经营者的回扣、提成或其他不当得利。

第十八条　执业兽医应当模范遵守兽医职业道德行为规范。下列行为是不道德的：

（一）随意贬低兽医职业和兽医行业的；

（二）故意贬低同行或通过诋毁他人等方式招揽业务的；

（三）未取得专家称号，对外称"专家"谋取利益的；

（四）通过给其他兽医介绍患病动物，收取回扣或提成的；

（五）冒充其他执业兽医从业获利的；

（六）擅自篡改或删除处方、病历及相关诊疗数据，伪造诊断结果、违规出具证明文件或在诊疗活动中弄虚作假的；

（七）未经动物主人同意，将动物诊疗的相关信息或资料用于商业用途的；

（八）教唆、帮助或参与他人实施违法的兽医执业活动的；

（九）随意夸大动物病情或夸大治疗效果的；

（十）执业兽医在人才流动过程中损害原工作单位权益的。

第十九条　本规范由中国兽医协会负责解释。

第二十条　本规范自2012年1月1日起实行。